Siegmund Seybold

Die wissenschaftlichen Namen der Pflanzen

und was sie bedeuten

2. korrigierte Auflage

Ulmer

Inhaltsverzeichnis

Vorwort 5

Artbezeichnungen 6

Hauptwörter 6
Eigenschaftswörter 7
Versetzung von Namen 7
Betonung 8
Schreibweise 8
Übersetzung 8
Sinn der Namen 9
Botanisches Latein 9

Art-Epitheta mit Übersetzung 11

Literatur 186

Vorwort

Diese Buch ist aus dem traditionellen *Zander, Handwörterbuch der Pflanzennamen*, hervorgegangen. Der Wunsch, zu wissen, was die wissenschaftliche Pflanzennamen bedeuten, scheint doch recht lebendig zu sein. So hat sich der Verlag entschlossen, dem Rechnung zu tragen und den Übersetzungsteil aus dem Zander gesondert herauszubringen. Unter den mehreren Millionen von Pflanzennamen wurden als Auswahl nur die aus dem Fundus des „Zander" entnommen.

In der Tradition dieses Buches wurde auch nur an eine kurze, knappe Übersetzung – allenfalls mit kurzer Deutung gedacht – nicht an eine genaue sprachliche Herleitung. Diese soll den Sprachwissenschaftlern überlassen bleiben. Ich hoffe, das Buch findet Anklang bei den Interessierten und gibt ihnen eine nützliche Hilfe.

Danken möchte ich allen, die mir bei der Fertigstellung geholfen haben. Besonders gilt der Dank meiner Frau für ihr Verständnis und für Hilfe beim Formulieren, ferner Herrn Nils Bödeker, Bremen, für die Arbeitsgrundlagen, die er mir zur Verfügung gestellt hat, meinem Kollegen Dr. Arno Wörz, Stuttgart, für manche hilfreiche Diskussion und auch dem Freund aus dem Internet, Herrn Krzysztof Wiktorowski aus Lodz für die Hilfe beim Übersetzen von Kakteennamen. Zuletzt möchte ich dem Verlag Eugen Ulmer danken, dass für dieses Thema nun eine so ansprechende Form gefunden wurde.

Stuttgart, im April 2002
Siegmund Seybold

Artbezeichnungen

Die Artbezeichnungen, auch Epitheta genannt, sind das jeweils zweite Wort bei der wissenschaftlichen Bezeichnung einer Art. Dies gilt für Pflanzen wie für Tiere. Bei den Unterarten oder Varietäten der Pflanzennamen ist es das dritte oder vierte Wort. Das erste Wort ist immer der Gattungsname. Und so ist beispielsweise das Wort *perennis* aus dem wissenschaftlichen Namen des Gänseblümchens, *Bellis perennis*, die Artbezeichnung. Beide Worte zusammen, *Bellis* und *perennis*, sind der Artname.

Die Artbezeichnung kann ein Hauptwort (Substantiv) oder ein Eigenschaftswort (Adjektiv) sein, in ganz seltenen Fällen ist es auch ein Verbum oder es sind mehrere Worte, wie beispielsweise *noli-tangere*, berühre nicht, die dann mit Bindestrich geschrieben werden müssen.

Hauptwörter

Ist die Artbezeichnung ein Hauptwort, so kann dieses zum Gattungsnamen in einer grammatikalischen Beziehung stehen. Dann steht dieses Hauptwort im Genitiv. Beispielsweise bei *Epipactis muelleri* – Müllers Sumpfwurz – ist *muelleri* der Genitiv des Hauptwortes *muellerus*. Oder bei *Artemisia verlotiorum* – der Beifuß der Brüder Verlot – hier ist *verlotiorum* der Genitiv von *verlotii*. Auf

diese Weise sind viele Artbezeichnungen gebildet.

Nach Personennamen gebildeten Artbezeichnungen werden hier, wie in den bisherigen Auflagen des „Zander", nicht übersetzt. Ihre Bedeutung ist ja auch meist leicht erkennbar.

Ein Hauptwort kann aber auch ohne grammatikalischen Bezug zum Gattungsnamen stehen, dann ist es einfach eine Apposition, wie etwa bei *Pinguicula gypsicola* – das Fettkraut, ein Gipsbewohner. Der Zusammenhang beider Worte ist hier ganz klar, in anderen Fällen muss man ihn sich aber erst zurechtlegen. Alle auf *-cola* endenden Namen sind übrigens dem Wort *incola* – Einwohner – oder *agricola* – Bauer, Landbewohner – nachgebildet. Es sind Substantive, die sich meist auf Biotope oder auf den geologischen Untergrund beziehen: *calcicola* – Kalkbewohner; *pratericola* – Präriebewohner; *serpentinicola* – Serpentinbewohner; *nivicola* – Schneebewohner; *muscicola* – Moosbewohner. Eine Endung *-colus* oder *-colum* gibt es in diesem Fall nicht; sollte sie irgendwo erscheinen, so ist sie nach Artikel 23.5 des Internationalen Code der Botanischen Nomenklatur in *-cola* umzuwandeln.

Das zweite Wort, wenn es ein Substantiv ist, kann aber auch beispielsweise ein anderer Gattungsname sein. Dann will der namengebende Autor die Ähnlichkeit mit dieser anderen Gattung zum Ausdruck bringen. So drückt sich etwa bei *Silene armeria* die Ähnlichkeit dieser *Silene*-Art mit der Gattung *Armeria* aus. Man hat früher den zweiten Namen dann oft großgeschrieben; dies ist auch nach wie vor erlaubt, doch hat sich heute allgemein die Kleinschreibung durchgesetzt.

Eigenschaftswörter

Artbezeichnungen, die Eigenschaftswörter sind, richten sich wie im klassischen Latein nach dem Geschlecht der Gattung. So schreiben es die Regeln der Nomenklatur vor. Man erkennt das meist an der Endung *-us* für männlich, *-a* für weiblich und *-um* für sächlich. Also heißt es *Acinos alpinus*, weil *Acinos* männlich ist, unter der Gattung *Calamintha* heißt die gleiche Pflanze *Calamintha alpina*, weil die Gattung *Calamintha* weiblich ist. Bei der Erklärung der Eigenschaftswörter wird in den überwiegenden Fällen immer nur die männliche Form angegeben, um Platz zu sparen und weil das von alters her so Sitte ist. Artbezeichnungen mit der Endung *-a* oder *-um* sind also im alphabetischen Teil in der männlichen Form mit der Endung *-us* zu suchen. Ist die Endung des Eigenschaftsworts aber *-e*, so ist die Übersetzung unter der männlichen oder weiblichen Form *-is* zu suchen, die in diesem Fall im männlichen wie im weiblichen Geschlecht gleich lautet. Bei Eigenschaftswörtern, die sich nicht nach den Formen *-us*, *-a*, *-um* oder *-is*, *-is*, *-e* deklinieren, werden alle drei Formen der Geschlechter angegeben, aber unter der

männlichen Form einsortiert.
Einzelne Artbezeichungen sehen auf den ersten Blick wie ein Eigenschaftswort aus, sind aber in Wirklichkeit eine Form, die zum Hauptwort geworden ist. Beispiel: *Convolvulus cantabrica*. Sicher hat sich mancher schon gewundert, warum das nicht *Convolvulus cantabricus* heißen muss, wo doch *Convolvulus* männlich ist, wie das bei *Convolvulus siculus* oder *C. sabatius* sichtbar wird. Aber der Name *Cantabrica* war schon ein fester Begriff für eine Pflanze oder Pflanzengattung und damit ein Hauptwort – er muss also unverändert stehen bleiben.
Auch Verbformen wie Partizipien werden wie ein Adjektiv behandelt. Beispiel: *Potamogeton natans, natans* – schwimmend, das Schwimmende Laichkraut. Aber auch die selten vorkommenden Eigenschaftswörter griechischer Herkunft müssen sich nach den Geschlecht der Gattung richten, etwa *Cirsium acaulon*, da *Cirsium* sächlich ist und diese Form in den drei Geschlechtern *acaulos*, *acaulos*, *acaulon* heißt.

Versetzung von Namen

Wird also eine Art in eine andere Gattung versetzt, so schreiben die Regeln vor, dass die Artbezeichnung übernommen werden muss, wenn sie nicht in der neuen Gattung schon für ein anderes Objekt verwendet worden ist. Diese übernommenen Adjektive müssen dann dem Geschlecht der neuen Gattung angepasst werden.

Betonung

Lateinische Namen sollten im Allgemeinen nach den lateinischen Regeln betont werden. Damit erhält öfters die drittletzte Silbe die Betonung, was in der deutschen Sprache ungewöhnlich wirkt. Deshalb haben sich im täglichen Gebrauch vielfach falsche Betonungen festgesetzt, die nur schwer korrigierbar sind. In diesem Werk wird die Betonung dadurch angezeigt, dass der oder die betonten Vokale einen Akzent erhalten. Gelegentlich finden auch Namen aus seltenen Sprachen bei den Artbezeichnungen Verwendung. Sie müssen natürlich in lateinischen Buchstaben geschrieben sein. Wie sie zu betonen sind, wird verschieden angegeben. Man kann der Auffassung sein, dass es lateinische Namen sind, die der lateinischen Betonung unterliegen. Die Nomenklaturregeln sagen zwar, dass sie wie lateinische Namen zu behandeln sind, sie sagen jedoch nichts aus über die Betonung oder über die Aussprache. Ich selber finde, dass die Kenntnis der Betonungsregeln einer fremden Sprache dazu führen sollte, diese auch bei den wissenschaftlichen Pflanzennamen anzuwenden. Damit werden auch Volksstämme geehrt, die lange vor den Wissenschaftlern für Pflanzen Bezeichnungen hatten. Die Betonung unbedingt nach lateinischen Regeln anzuwenden, scheint mir eine europäische Überheblichkeit auszudrücken, die heute nicht mehr zeitgemäß ist.

Schreibweise

Ein Name muss so geschrieben werden wie bei seiner ersten Veröffentlichung, auch wenn er einen falschen Sinn hat. Nur die Endungen *-i, -ii, -ae, -iae, -anus* oder *-ianus* usf. dürfen, wenn sie falsch angewandt wurden, nach Artikel 60 der Regeln korrigiert werden, sonst sind kaum Korrekturen erlaubt. Deshalb bleiben auch Worte, die aus der Geografie stammen so, wie sie geschrieben waren. *Scilla siberica* wird nicht in *Scilla sibirica* korrigiert, da man auf Englisch *Siberia* zu Sibirien sagt. Und deshalb gibt es auch neben *camtschaticus* noch *kamtschaticus*, alles auf die Kamtschatka-Halbinsel bezogen. Hier darf nichts nachträglich korrigiert werden. Dies würde ja auch zu vielen unnötigen Änderungen führen, wenn man bei jeder neuen Schreibweise oder neuen Grenzziehung eines Landes auch die Pflanzennamen ändern müsste.

Selbst Irrtümer bleiben erhalten. Linnaeus glaubte, der Indische Wegerich – *Plantago indica* – komme in Indien vor. Das ist aber nicht richtig. Trotzdem muss der Name bleiben. Ebenso hat *Carex diandra* drei Staubblätter, obwohl das Wort *diandrus* sagt, sie habe nur zwei Staubblätter. Des Weiteren stammt *Scilla peruviana* aus dem Mittelmeergebiet und nicht aus Peru und *Teucrium asiaticum* von den Balearen und nicht aus Asien.

Übersetzung

Im Allgemeinen soll eine kurze prägnante Übersetzung der Artbezeichnung gegeben werden, die gelegentlich auch zur Schöpfung eines deutschen Pflanzennamens geeignet sein könnte. Manchmal ist jedoch die Übersetzung zum Verständnis nicht ausreichend. Dann werden zusätzliche Angaben durch eine Erklärung gemacht. Diese Erklärung steht in Klammern.

Erklärung und Deutung eines Namens gelten meist nur für einzelne Arten, also auch nur bezüglich einer Gattung, bei der diese Artbezeichnung auftritt. Maßgebend für eine Deutung ist prinzipiell das, was der Autor, der den Namen gab, im Sinn hatte. Dies hat er jedoch oft nicht schriftlich niedergelegt, weshalb es immer rätselhafte Namen geben wird. Vorbild für die Übersetzungen und Deutungen hier in diesem Buch ist das wenig bekannte, aber unübertreffliche Werk von BACKER (1936), das in sehr vielen Fällen gründlich und anschaulich Auskunft gibt.

Sinn der Namen

Bei mancher Art bestand eine sinnvolle Beziehung zwischen dem Namen der Gattung und der Art, die bei der Versetzung in eine andere Gattung keinen Sinn mehr ergibt. *Spergula saginoides* war der saginaähnliche Spark. Die weitere Forschung erkannte aber, dass die Art doch in die Gattung *Sagina* gestellt werden muss; dann heißt sie *Sagina saginoides* – die Saginaähnliche *Sagina*. Das ist eigentlich Unsinn, aber nach den Regeln darf kein neuer Namen gesucht werden. In diesem Sinne sind Namen eben Schall und Rauch, also sinnfrei – gegeben nur,

um klare Bezeichungen zu schaffen. Ein anderes Beispiel ist *Asplenium septentrionale* – Nördlicher Streifenfarn: Er kommt mehr in Süd- und Mitteleuropa vor als in Nordeuropa. Die Erklärung für den ungewöhnlichen Namen ist die, dass die Pflanze zunächst *Acrostichum septentrionale* hieß, und in dieser Gattung neben dem tropischen Farn, dem *Acrostichum aureum*, stand. In dieser Gattung war dieser Streifenfarn die nördliche Art. In der neuen Gattung aber ist die Art nicht mehr die nördlichste – es gibt andere, die noch weiter nördlich vorkommen –, doch der Name muss so bleiben. Man könnte diese Kenntnis wenigstens auf den deutschen Namen anwenden, der weniger strengen Regeln folgt. An Stelle von Nördlicher Streifenfarn oder Nordischer Streifenfarn – Namen, die nicht passend sind – könnte man Gabel-Streifenfarn sagen.

Botanisches Latein

Neben Worten aus seltenen Sprachen finden aber auch manche sprachlichen Neuschöpfungen Verwendung, selbst Fantasieworte sind erlaubt. Dies alles führt zu Erweiterungen über das klassische Latein hinaus. So gebrauchen Botaniker oft die griechische Vorsilbe pseudo- falsch, um eine neue, andere Art zu bezeichnen. Und so wird aus einer Art mit der Bezeichnung *oerstedii* nun *pseudo-oerstedii* oder aus *nebrownii* wird *pseudonebrownii*, eine aus mehreren Sprachen neu gebildete Wortform, die sicher kein klassisches Latein mehr darstellt.

Art-Epitheta

mit Übersetzung

a

abanténsis
vom Abant-See (Türkei)

abbreviátus
gekürzt, abgeschnitten

abchásicus
abchasisch (Kaukasus)

abdelkúri
von der Insel Abd el Kuri
(Insel östlich Afrika)

abelmóschus
nach arabisch:
Moschuskörner (Hibiscus)

aberdeenénsis
Aberdeen- (Südafrika)

abessínicus
abessinisch

ábies
antiker Name der Tanne

abietínus
tannenartig

abíetis
Tannen-

abortívus
Missgeburt-

abrotanifólius
eberrautenblättrig

abrotanoídes
Eberrauten-ähnlich

abrótanum
lateinischer
Pflanzenname: Eberraute

abscíssus
abgebissen

absinthioídes
Wermut-ähnlich

absínthium
lateinischer
Pflanzenname: Wermut

absinthoídes
Wermut-ähnlich

abutilifólius
mit Blättern wie Abutilon

abutiloídes
Abutilon-ähnlich

abutílon
nach arabisch: indische
Malve

abyssínicus
abessinisch

acaciifórmis
akazienförmig

acánthium
antiker Pflanzenname

acanthocárpus
mit stacheligen Früchten

acanthócomus
mit stacheligem Schopf

acanthocráter
stacheliger Krater

acanthódes
dornig, stachelig

acanthoídes
Acanthus-ähnlich

acanthophýllus
mit Blättern wie Acanthus

acanthoplégmus
mit Stachelgeflecht

acanthopódius
mit stacheligem Fuß

acanthóspathus
mit stacheliger Scheide

acanthothámnos
dorniger Strauch

acanthúrus
dorniger Schwanz

acáúlis
stängellos

acáúlos, acáúlos,
acáúlon
stängellos

accédens
sich annähernd, sich
gleichend

aceguaénsis
Acegua- (Uruguay)

acéphalus
ohne Kopf

ácer, ácris, ácre
scharf

acérbus
herb, sauer

acerifólius
ahornblättrig

acerínus
ahornartig

aceroídes
Ahorn-ähnlich

acerósus
nadelscharf

acetabulósus
mit vielen Näpfen

acetósa
lateinischer
Pflanzenname: sauer
schmeckende Pflanze

acetosélla
lateinischer
Pflanzenname: kleine,
säuerlich schmeckende
Pflanze

acetósus
sauer

achilleifólius
mit Blättern wie Achillea

áchras
wilder Birnbaum

aciculáris
nadelspitzig

aciculátus
nadelspitzig

acidíssimus
sehr sauer

acídulus
säuerlich

ácidus
sauer

ácifer, acífera, acíferum
Nadel tragend

acináceus
säbelförmig

acinacifólius
säbelblättrig

acinacifórmis
säbelförmig

ácinos
nach der Gattung Acinos

acinósus
beerenreich

acmodóntus
mit spitzigen Zähnchen

acmopétalus
mit spitzigen Kronblättern

acmosépalus
mit spitzigen
Kelchblättern

acokanthérus
mit spitzigem Staubblatt

aconitifólius
mit Blättern wie
Aconitum

acráéus
Hochland-

acránthus
mit Blüten an der Spitze

acrostichoídes
Acrostichum-ähnlich

acrósticus
Acrostichum-

acrótrichus
an der Spitze behaart

actinacánthus
mit strahlenartigen
Dornen

actiniopteroídes
Actiniopteris-ähnlich

actinophýllus
strahlenblättrig

aculeatíssimus
sehr stachelig

aculeatosépalus
mit stacheligen
Kelchblättern

aculeátus
stachelig

aculeolátus
mit kleinen Stacheln

acuminatifólius
mit zugespitzten Blättern

acuminátus
zugespitzt

acutanguláris
mit scharfen Kanten

acutángulus
scharfkantig

acuteserrátus
scharf gesägt

acútidens
spitzzähnig

acutiflórus
spitzblütig

acutifólius
spitzblättrig

acutifórmis
Carex-acuta-artig

acutílobus
spitzlappig

acutipétalus
mit spitzen Kronblättern

acutíssimus
sehr spitzig

acútus
spitz

adamántinus
Diamant-, stahlhart

adanénsis
Adana- (Türkei)

adansonioídes
Adansonia-ähnlich

adenénsis
Aden- (Jemen)

adenioídes
Adenium-ähnlich

adenócalyx
mit drüsigem Kelch

adenocáúlos,
adenocáúlos,
adenocáúlon
mit drüsigem Stängel

adenocáúlus
mit drüsigem Stiel

adenocéphalus
mit drüsigem Kopf

adenocháétus
mit drüsigen Borsten

adenógynus
mit drüsigem Griffel

adenóphorus
Drüsen tragend

adenophýllus
mit drüsigen Blättern

adenópodus
mit drüsigen Stielen

adenósus
drüsig

adenóthrix
drüsenhaarig

adenótrichus
drüsenhaarig

adhatóda
Volksname der Pflanze
auf Sri Lanka: von Ziegen
unberührt

adhatodoídes
Adhatoda-ähnlich

adianthifólius
mit Blättern wie
Adiantum

adiantifólius
mit Blättern wie
Adiantum

adiantifórmis
Adiantum-ähnlich

adiántum-nígrum
lateinischer
Pflanzenname: schwarzer
Frauenhaarfarn

admirábilis
bewundernswert

adnáscens
anhaftend

adnátus
angewachsen

adonidifólius
mit Blättern wie Adonis

adóxus
ruhmlos

adpréssus
angedrückt

adrachnítes
spinnenartig

adriáticus
adriatisch

adscéndens
aufsteigend

adstríngens
zusammenziehend

adsúrgens
aufgerichtet

adulterínus
Bastard-

adúncus
hakig gekrümmt

adústus
angebrannt, dunkelbraun

ádvena
Neuankömmling,
Fremdling

advénus
fremd

adzháricus
adscharisch (Kaukasus)

aechmophýllus
mit lanzenartigen Blättern

áégilops
griechischer
Pflanzenname

aegyptíacus
ägyptisch

aegýpticus
ägyptisch

aemulórum
der Rivalen (von zwei
konkurrierenden
Sammlern gefunden)

áémulus
ähnlich

aequális
gleich, gleichmäßig

aequatoriális
Ecuador-

aequilaterális
gleichseitig

aequiláterus
gleichseitig

aequílobus
mit gleichgroßen Lappen

aequinoctiális
Äquator-

aequitrílobus
mit 3 gleichen Lappen

aeránthos
luftblütig, blüht auch
ohne Wurzeln

aéris-íncola
Luftbewohner

aerocárpus
mit vom Wind verwehten
Früchten

aeruginéscens
grünspanfarbig werdend

aerugíneus
grünspanfarbig

aeruginósus
grünspanfarbig

aesculifólius
mit Blättern wie Aesculus

aestivális
Sommer-

aestívus
sommerlich

aethiópicus
äthiopisch

aethíopis
antiker Pflanzenname

aéthiops
Äthiopier, Mohr

aethíopum
Äthiopier-

aethusifólius
mit Blättern wie Aethusa

aetnénsis
Ätna- (Sizilien)

aetólicus
Ätolien-

áfer, áfra, áfrum
afrikanisch

affínis
verwandt

afghánicus
afghanisch

afghanistanénsis
Afghanistan-

aflatunénsis
Aflatun- (Tien-Schan, Zentralasien)

afoliátus
blattlos

africánus
afrikanisch

africánus-caerúleus
blaue afrikanische Art

africánus-lúteus
gelbe afrikanische (Salvia-) Art

aganniphoídes
dem Rhododendron aganniphum ähnlich

aganníphus
schneebedeckt

agapétus
liebenswert

agathósmus
gut riechend

agatiflórus
mit Blüten wie Agati (Fabaceae)

agavifólius
agavenblättrig

agavoídes
Agaven-ähnlich

agenénsis
Agen- (Frankreich)

ageratifólius
mit Blättern wie Ageratum

ageratoídes
Ageratum-ähnlich

agératum
nach der Gattung Ageratum

agglomerátus
zusammengedrängt

agglutinátus
angeklebt

aggregátus
gehäuft, gedrängt

aglaísma
Schmuck, Zierde

agnátus
verwandt

agnínus
lammartig

ágnus-cástus
antiker Pflanzenname (Vitex)

agréstis
Acker-

agrifólius
spitzblättrig

agrimonoídes
Agrimonia-ähnlich

agrióstaphis
mit Blättern wie wilde Rosinen

agrippínus
Gärtnername, vermutlich nach einem Eigennamen

agrostiflórus
straußgrasblütig

agrostifólius
straußgrasblättrig

ahanhuíri
Name einer Solanum-Art in Bolivien

ahípa
indianischer Pflanzenname (Pachyrrhizus)

ailanthoídes
Ailanthus-ähnlich

ailantifólius
mit Blättern wie Ailanthus

aiolopéplus
mit glänzendem Gewand

aiolosálpinx
mit bunten trompetenförmigen Blüten

airoídes
Aira-ähnlich

15

aischropéplus
mit schmutzigem Gewand

aizoídes
Aizoon-ähnlich
(Aizoaceae)

aizóon
griechischer
Pflanzenname: immergrün

ajácis
nach einem griechischen
Pflanzennamen

ajanénsis
Ajan- (Sibirien)

ájowan
hindustanischer
Pflanzenname (Ptychotis)

akebioídes
Akebia-ähnlich

akiténsis
Akita- (Japan)

alabaménsis
Alabama- (USA)

alabámicus
Alabama- (USA)

alacriportánus
von Porto Alegre
(Brasilien)

alaménsis
Alamos- (Mexiko)

alamosánus
Alamos- (Mexiko)

alamosénsis
Alamos- (Mexiko)

alaskánus
Alaska- (USA)

alatamáhus
vom Altamaha-Fluss
(Georgia, USA)

alatávicus
Alatau- (Zentralasien)

alatérnus
antiker Pflanzenname

alatocaerúleus
geflügelt und blau

alátus
geflügelt

albánicus
albanisch

albánus
Albania- (Östlicher
Kaukasus, Daghestan)

albátus
weiß gekleidet

álbens
weißlich

albénsis
Elbe-

alberténsis
aus Prince Albert
(Südafrika)

albéscens
weiß werdend

álbicans
weiß erscheinend

albicáúlis
mit weißen Zweigen

albícomus
weißhaarig

álbidens
mit weißem Zahn

albidiflórus
weißlich blühend

albidotomentósus
weißlich filzig

albídulus
weißlich

álbidus
weißlich

albiflórus
weißblütig

álbiflos
weißblütig

albifólius
weißblättrig

albífrons
weiß belaubt

albifúscus
weiß und braun

albilanátus
weißwollig

albimarginátus
weißrandig

albínotus
mit weißer Zeichnung

albínus
Elbe-

albipilósus
weißhaarig

**albipollínifer,
albipollinífera,
albipollíniferum**
weißen Pollen tragend

albipúnctus
mit weißen Punkten

albisetátus
weißborstig

albíspathus
mit weißer Scheide

albispinósus
weißdornig

albispínus
weißdornig

albíssimus
hell weiß

albivénis
mit weißen Adern

albivénius
weißaderig

albocastáneus
weiß und braun

albocínctus
mit weißem Gürtel

albocorollátus
mit weißen Kronblättern

**albogláber, alboglábra,
alboglábrum**
weiß und kahl

albolanátus
weißwollig

albomaculátus
weiß gefleckt

albomarginátus
weißrandig

**alboníger, albonígra,
albonígrum**
weiß und schwarz

albónitens
weiß glänzend

albopectinátus
mit weißem Kamm

albopíctus
weiß gezeichnet

albopilósus
weißhaarig

alboróseus
weißrosa

alborubrobracteátus
mit weiß-roten
Hochblättern

alboseríceus
weißseidig

albosinénsis
die chinesische (Betula)
alba

albostellátus
mit weißen Sternen

albostriátus
weiß gestreift

albovioláceus
weiß-violett

albucifólius
mit Blättern wie Albuca

álbulus
weißlich

álbus
weiß

álcea
antiker Pflanzenname

alceifólius
mit Blättern wie Alcea

alchemilloídes
Alchemilla-ähnlich

alchorneoídes
Alchornea-ähnlich

alcicórnis
elchgeweihartig

alectorólophus
Hahnenkamm

alegreténsis
Alegrete- (Brasilien)

alemanniénsis
deutsch

aleppénsis
Aleppo- (Syrien)

aléppicus
Aleppo- (Syrien)

aleúticus
Aleuten- (Inseln zwischen
Nordamerika und Asien)

alexandrínus
Alexandria- (Ägypten)

algarvénsis
Algarve- (Portugal)

algéricus
algerisch

algeriénsis
algerisch

álgidus
Kälte ertragend

alicástrum
nach der Gattung
Alicastrum (Moraceae)

aliénus
fremd

alismatifólius
froschlöffelblättrig

alismoídes
Froschlöffel-ähnlich

alkekéngi
nach einem arabischen
Pflanzennamen (Physalis)

allantoídes
Wurst-ähnlich

alleghaniénsis
Allegheny- (USA)

allegheniénsis
Allegheny- (USA)

allemanioídes
dem Epidendrum
allemanii ähnlich

alliáceus
lauchartig

alliária
Lauchkraut

alliáriae
Lauchkraut-

alliariifólius
mit Blättern wie Alliaria

17

alliodórus
mit Lauchgeruch

allóuia
nach dem Namen der
Calathea-Art bei den
Karaiben auf Guadeloupe

alluviórum
auf Alluvium

almaaténsis
von Alma-Ata
(Zentralasien)

almeriénsis
Almeria- (Spanien)

álmus
nahrhaft

alnifólius
erlenblättrig

alnoídes
Erlen-ähnlich

álnus
lateinischer
Pflanzenname: Erle oder
Faulbaum

aloídes
Aloe-ähnlich

aloifólius
aloeblättrig

alooídes
Aloe-ähnlich

alopecuroídes
Fuchsschwanz-ähnlich

alopecúros
Fuchsschwanz

alopecúrus
Fuchsschwanz

alpéllus
aus (Aster) alpinus und
(A.) amellus gebildet

alpéstris
alpin, außerhalb Europas:
Hochgebirgs-

alpícola
Alpenbewohner,
Hochgebirgs-

alpígenus
Alpen-, Hochgebirgs-

alpinopilósus
alpine und behaarte
(Luzula-) Art

alpínus
alpin, außerhalb Europas:
Hochgebirgs-

alsáticus
Elsaß-

alseuosmoídes
Alseuosmia-ähnlich
(Caprifoliaceae)

alsinástrum
unechte Alsine
(Caryophyllaceae)

alsíne
nach der Gattung Alsine
(Caryophyllaceae)

alsinifólius
mierenblättrig

altaclarénsis
Highclere- (England)

altaclerénsis
Highclere- (England)

altáicus
Altai- (Zentralasien)

altaiénsis
Altai- (Zentralasien)

altéolens
stark duftend

altérnans
abwechselnd

alternátus
abwechselnd gesetzt

alterniflórus
mit wechselständigen
Blüten

alternifólius
mit wechselständigen
Blättern

alternipilósus
abwechselnd behaart
(Stängelflächen von
Internodium zu
Internodium abwechselnd
behaart oder kahl)

althaeoídes
Althaea-ähnlich

altícola
Höhenbewohner

alticostátus
mit hohen Rippen

altifólius
mit hohen Blättern

áltilis
üppig, gemästet

altíssimus
sehr hoch

áltus
hoch

alutáceus
ledergelb

alveolátus
grubig

alýpum
griechischer
Pflanzenname

alyssoídes
Alyssum-ähnlich

alýssum
nach der Gattung
Alyssum

amábilis
lieblich

amáda
Pflanzenname in
Bengalen (Curcuma)

amáncaes
Amancaes- (Peru)

amanénsis
Amanus- (Türkei)

ámani
Amanus- (Türkei)

amaniénsis
Amani- (Tansania)

ámanus
Amanus- (Türkei)

amápola
spanisch: Mohn

amaranthoídes
Amaranthus-ähnlich

amarantícolor
amarantfarben

amarantifólius
amarantblättrig

amaréllus
etwas bitter

amaricáúlis
mit bitterem Stängel

amaríssimus
sehr bitter

amárus
bitter

amaryllifólius
mit Blättern wie
Amaryllis

amarylloídes
Amaryllis-ähnlich

amaurophýllus
mit schwarzgrünen
Blättern

amazónicus
Amazonas- (Brasilien)

amazónum
Amazonen-, Amazonas-
(Brasilien)

ambíguus
zweifelhaft, zweideutig

amblyánthus
stumpfblütig

amblýcalyx
mit stumpfem Kelch

amblýodon
stumpfzähnig

amboinénsis
Ambon- (Indonesien)

amboínicus
Ambon- (Indonesien)

ambrosíacus
nach Ambra duftend

ambrosiifólius
mit Blättern wie
Ambrosia

ambrosioídes
Ambrosia-ähnlich

amecamecánus
Amecameca- (Mexiko)

amelánchier
nach der Gattung
Amelanchier

amelloídes
der Aster amellus ähnlich

améllus
antiker Pflanzenname

americánus
amerikanisch

amethýsteus
amethystfarben, lila

amethýstinus
amethystfarben, lila

amethystoglóssus
mit amethystfarbener
Lippe

amíctus
umhüllt

ámmak
jemenitischer
Pflanzenname
(Euphorbia)

ámmi
griechischer
Pflanzenname

ammodéndron
nach der Gattung
Ammodendron

ammoniácum
Harz von der Ammons-
Oase

ammóphilus
Sand liebend

amóénus
anmutig, lieblich

amómum
nach der Gattung
Amomum

amorgínus
Amorgos- (griech. Insel)

amorphoídes
Amorpha-ähnlich

amórphus
formlos

ampelóprasum
Weinbergslauch

amphíbius
auf dem Land und im
Wasser lebend

amphicárpos
ober- und unterirdisch
fruchtend

ampléctens
umfassend

amplexicáúlis
stängelumfassend

amplexifólius
mit stängelumfassenden
Blättern

ampliátus
erweitert

amplifólius
mit großen Blättern

ampliocostátus
stärker gerippt

ámplus
groß, ansehnlich

ampulláceus
flaschenartig

ampullárius
Flaschen-

amsónia
nach der Gattung
Amsonia

amurénsis
Amur- (Ostasien)

amygdalifórmis
mandelbaumförmig

amygdalínus
mandelartig

amygdaloídes
Mandelbaum-ähnlich

amygdalopérsica
Bastard aus Prunus
amygdalus und P. persica

amýgdalus
Mandelbaum

amyláceus
stärkehaltig

amyleasaccharátus
mit Stärke und Zucker

anacámpseros
nach der Gattung
Anacampseros

anacánthus
stachellos

anacardioídes
Anacardium-ähnlich

anacárdium
nach der Gattung
Anacardium
(Anacardiaceae)

anagallidifólius
mit Blättern wie Anagallis

anagállis-aquática
Wasser-Gauchheil

anagalloídes
Anagallis-ähnlich

anagénsis
Anagagebirge- (Teneriffa)

anagyroídes
Anagyris-ähnlich
(Fabaceae)

ánanas
nach dem brasilianischen
Namen der Ananaspflanze

ananássa
Ananas

ananássae
Ananas-

anaphaloídes
Anaphalis-ähnlich

anatólicus
anatolisch, kleinasiatisch

ánceps
zweiseitig, zweischneidig

anchusiflórus
mit Blüten wie Anchusa

anchusoídes
Anchusa-ähnlich

ancistracánthus
mit hakigen Dornen

ancistróphorus
Haken tragend

ancyrénsis
Ankara- (Türkei)

andalgalénsis
Andalgala- (Argentinien)

andevalénsis
Andévalo- (Spanien,
Huelva)

andícola
Andenbewohner
(Südamerika)

andínus
Anden- (Südamerika)

andráchne
griechischer
Pflanzenname

andrachnoídes
dem Arbutus andrachne
ähnlich

andrógynus
zwittrig

andromedifólius
mit Blättern wie
Andromeda

androsáceus
Mannsschild-

androsaemifólius
mit Blättern wie
Androsaemum

androsáémum
griechischer
Pflanzenname

anemoniflórus
anemonenblütig

anemonifólius
anemonenblättrig

anemonoídes
Anemonen-ähnlich
anethifólius
dillblättrig
anethiodórus
nach Dill riechend
anethoídes
Dill-ähnlich
anéúrus
ohne Nerven
anfractuósus
gewunden
angelénsis
von Angel de la Guarda
(Insel bei Baja California,
Mexiko)
ánglicus
englisch
angolénsis
Angola- (Westafrika)
anguíneus
schlangenartig
anguínus
schlangenartig
anguláris
kantig
angulátus
kantig
**angúliger, angulígera,
angulígerum**
Kanten tragend
angulízans
Kanten bildend
angulósus
kantig
angúria
Wassermelone
angustánus
schmal

angustátus
verschmälert
angustibracteátus
mit verschmälerten
Hochblättern
angustíceps
mit schmalen Köpfen
angústidens
schmalzähnig
angustiflórus
schmalblütig
angustifólius
schmalblättrig
angustílobus
mit schmalen Lappen
angústior, angústius
schmaler
angustipétalus
mit schmalen
Kronblättern
angustiséctus
schmal geschnitten
angustíssimus
sehr schmal
angústus
schmal, eng
anisátus
nach Anis duftend
anisodóntus
mit ungleichen Zähnen
anisodórus
nach Anis duftend
anisophýllus
mit ungleichen Blättern
anísum
antiker Pflanzenname:
Anis

ankarénsis
von den Ankaratra-Bergen
(Madagaskar)
annaménsis
Annam- (Indochina)
annótinus
vorjährig
annulátus
beringt
annulátus-grandiflórus
beringt und großblütig
ánnuus
einjährig
anómalus
abnorm
anopétalus
mit aufrecht stehenden
Kronblättern
anósmus
geruchlos
anserína
lateinischer
Pflanzenname: Gänse-
anserinifólius
mit Blättern wie Potentilla
anserina
anserinoídes
der Potentilla anserina
ähnlich
**ánsifer, ansífera,
ansíferum**
Gänse tragend
(Griffelsäule ist
Gans-ähnlich)
antalyénsis
Antalya- (Türkei)
antárcticus
antarktisch

21

anténnifer, antennífera, antenníferum
Fühler tragend

anteuphórbium
Mittel gegen
Wolfsmilchgift

anthelmínticus
als Wurmmittel verwendet

anthélmius
als Wurmmittel verwendet

anthemifólius
mit Blättern wie Anthemis

anthemoídes
Anthemis-ähnlich

anthericoídes
Anthericum-ähnlich

antherótes
auffällige Blüte

anthopógon
bartblütig

anthopogonoídes
dem Rhododendron
anthopogon ähnlich

ánthora
gegen Gift

anthoroídeus
dem Aconitum anthora
ähnlich

anthothécus
mit Blüten-ähnlicher
Kapsel

anthríscus
antiker Pflanzenname

anthropóphorus
Menschengestalt tragend
(Blüten sind Menschen-
ähnlich)

anthyllidifólius
wundkleeblättrig

anthýllis
Wundklee

antiacánthus
widerhakig

antidésmus
gegen Gift

antidorcádum
der Springböcke, von
Springbok- (Südafrika)

antidotális
gegen Gift

antidysentéricus
als Mittel gegen Ruhr
gebraucht

antillánus
Antillen- (Mittelamerika)

antillárum
Antillen- (Mittelamerika)

antioquénsis
Antioquia- (Kolumbien)

antioquiénsis
Antioquia- (Kolumbien)

antípodus
von den Antipoden-Inseln
(Neuseeland)

antipyréticus
Fieber senkend

antiquórum
der Alten, antik

antíquus
alt

antirrhiniflórus
löwenmäulchenblütig

antirrhinifólius
löwenmäulchenblättrig

antirrhinoídes
Antirrhinum-ähnlich

antisyphilíticus
gegen Syphilis

antitáúri
Antitaurus-, heute
Aladagh- (Türkei)

anulátus
geringelt

anwheiénsis
Anwhei- (China)

aoracánthus
mit schwertförmigen
Dornen

aorístus
unbestimmt

aparíne
griechischer
Pflanzenname

apennínus
Apenninen- (Italien)

aperántus
grenzenlos (auf weiten
Strecken vorkommend)

apértus
offen

**apétalos, apétalos,
apétalon**
ohne Kronblätter

apétalus
ohne Kronblätter

áphaca
antiker Pflanzenname

aphelandriflórus
mit Blüten wie
Aphelandra

aphrodisíacus
Lust erregend

aphrodíte
Aphrodite

aphyllánthes
mit unbeblättertem
Blütenstängel

aphýllus
blattlos

apiáceus
sellerieartig

apiculátus
fein zugespitzt

ápifer, apífera, apíferum
mit Bienen ähnlichen
Blüten

apiifólius
mit Blättern wie Apium

ápios
Erdbirne

ápodus
stängellos

apollínis
Apollo-

apozolénsis
Apozol- (Mexiko)

appendiculátus
mit Anhängsel

appenínus
Apennin- (Italien)

applanátus
abgeflacht

appréssus
angedrückt

appropinquátus
angenähert

appróximans
sich nähernd

approximátus
angenähert

ápricus
Sonne liebend

ápterus
ohne Flügel

ápulus
Apulien- (Italien)

ápus
1. Androsace, Selaginella:
stängellos;
2. Gigantochloa:
javanischer Pflanzenname

aquáticus
Wasser-

aquátilis
Wasser-

aquéus
wasserhell

aquicandídulus
Bastard aus Mahonia
aquifolium und Berberis
candidula

aquifólium
antiker Pflanzenname:
Stechpalme

aquilegifólius
akeleiblättrig

aquílegus
Wasser sammelnd

aquilínus
Adler-

aquilonáris
Nordwind-

aquipérnyi
Bastard aus Ilex
aquifolium und Ilex
pernyi

aquisargéntii
Bastard aus Mahonia
aquifolium und Berberis
sargentiana

arábicus
arabisch

aráca
Pflanzenname in Rio de
Janeiro (Psidium)

arachnacánthus
mit Dornen wie Spinnen

**aráchnifer, arachnífera,
arachníferum**
Spinnen tragend

arachnítes
spinnenartig

arachnoglóssus
mit spinnwebartiger Lippe

arachnoídes
spinnwebartig

arachnoídeus
spinnwebartig

araliáceus
Aralia-artig

araliifórmis
Aralia-artig

aralioídes
Aralia-ähnlich

aranéola
kleine Spinne

**aránifer, aranífera,
araníferum**
mit Spinnen-ähnlichen
Blüten

araráticus
Ararat- (Türkei)

araróba
Name einer pflanzlichen
Droge in Brasilien
(Andira)

araucánus
Arauco- (Chile)

aráújei
vom Arauja-Fluss
(Brasilien)

araxínus
Araxes- (Armenien)

árbor-trístis
Trauerbaum

arboréscens
baumartig werdend

arbóreus
baumartig

arborícola
Baumbewohner

arborifórmis
baumförmig

arbolitoénsis
Arbolito- (Uruguay)

arbúscula
Bäumchen

arbúsculus
bäumchenartig

arbutifólius
mit Blättern wie Arbutus

arcadiénsis
Arkadien- (Griechenland)

arcánus
heimlich

archangélica
die besondere Angelica-
Art

archíducis-joánnis
vom Erzherzog Johann

árcticus
arktisch

arctostáphylos
Bärentraube

arctótis
Bärenohr-

arctúri
vom Mount Arthur
(Tasmanien)

arctúrus
lateinischer
Pflanzenname:
Bärenschwanz

arcuátus
bogenförmig

árdens
brennend

arécinus
Areca-artig

aréíra
nach dem Namen einer
Schinus-Art in Brasilien

arenáceus
Sandboden-

arenárius
Sandboden-

**arenáster, arenástra,
arenástrum**
Stern-auf-Sand-

arenícola
Sandbewohner

arenósus
Sand-, sandig

areolátus
gefeldert

arequipénsis
Arequipa- (Peru)

aretioídes
Aretia-ähnlich

argáéus
Argaeus- (Kleinasien)

argemóne
nach der Gattung
Argemone

argentátus
versilbert

argenteoguttátus
mit silbernen Tropfen

argenteostriátus
silberig gestreift

argénteus
silberig

argentilúcidus
silbern glänzend

argentinénsis
argentinisch

argentínus
argentinisch

argillícola
Lehmbewohner

argólicus
Argolis- (Griechenland)

argophýllus
mit hellen Blättern

argotáénius
hell gebändert

argunénsis
Argun- (Kaukasus)

árgus
mit (Argus-)Augen

argúte-serrátus
spitzig gesägt

argútidens
mit spitzen Zähnen

argutifólius
mit scharf gesägten
Blättern

argútus
spitzig

argyráéus
silberig

argyréius
silberig

argyréus
silberig

argyrítes
mit Silberflecken

argyrócalyx
mit silberigem Kelch

argyrólobus
mit silberigen Lappen

argyronéúrus
mit silberigen Adern

argyophýllus
silberblättrig

argyrospérmus
mit silberigen Früchten

argyrostígmus
mit silberiger Narbe

argyrótrichus
silberhaarig

arhízus
wurzellos

ária
antiker Pflanzenname:
Mehlbeere

aricénsis
Arica- (Chile)

áridus
dürr, trocken

arietínus
mit Hörnern

arifólius
mit Blättern wie Arum

ariifólius
mehlbeerenblättrig

aristátus
begrannt

aristibracteátus
mit begrannten
Hochblättern

aristolochioídes
Aristolochia-ähnlich

aríza
Name einer Brownea-Art
in Kolumbien

arízelus
bemerkenswert, auffallend

arizónicus
Arizona- (USA)

arkansánus
Arkansas- (USA)

armátus
bewaffnet

armeníacus
armenisch, bei
Paphiopedilum: mit
aprikosenfarbenen Blüten

arménus
armenisch

arméria
nach der Gattung Armeria

armeriástrum
Armeria-artig

armerínus
Armeria-ähnlich

armerioídes
Armeria-ähnlich

armilláris
armringartig

armillátus
mit Armschmuck

armorácia
lateinischer Pflanzenname

armoracioídes
Meerrettich-ähnlich

arnicoídes
Arnica-ähnlich

aroánius
vom Berg Chelmos
(Montes Aroanii,
Griechenland)

aromáticus
würzig, aromatisch

aronioídes
Aronia-ähnlich

arranénsis
von der Insel Arran
(Schottland)

arréctus
aufgerichtet

arrhízus
wurzellos

árrigens
sich aufrichtend

arroyénsis
von Doctor Arroyo
(Nuevo Leon, Mexiko)

arteagaénsis
vom Canon de Arteaga
(Mexiko)

artemísia
nach der Gattung
Artemisia

artemísiae-campéstris
Artemisia-campestris-

artemisiifólius
mit Blättern wie
Artemisia

artemisioídes
Artemisia-ähnlich

articulátus
gegliedert

artosquámeus
mit dicht gedrängten
Schuppen

ártus
dicht gedrängt

artvinénsis
Artvin- (Türkei)

arúncus
Ziegenbart

arundánus
Ronda- (Spanien,
Andalusien)

arundináceus
schilfrohrartig

arváticus
Arbas- (Spanien)

arvénsis
Acker-

arvernénsis
Auvergne- (Frankreich)

arvónicus
von Carnarvon (Wales)

asarifólius
mit Blättern wie Asarum

asarína
spanischer Pflanzenname
(Antirrhinum)

ascalónicus
Askalon- (Palästina)

ascéndens
aufsteigend

ascensiónis
Ascension- (Nuevo Leon,
Mexiko)

asclepiádeus
Asclepias-ähnlich

áscyron
griechischer
Pflanzenname

asellifórmis
asselförmig

asiáticus
asiatisch

asmenístus
freudig

aspalathoídes
Aspalathus-ähnlich
(Fabaceae)

asparagifólius
spargelblättrig

asparáginus
spargelartig

asparagoídes
Spargel-ähnlich

ásper, áspera, ásperum
rau

asperátus
rau

asperiflórus
raublütig

asperifólius
raublättrig

asperispínus
mit rauen Stacheln

asperiúsculus
etwas rau

aspérrimus
sehr rau

asperuloídes
Asperula-ähnlich

asphodeloídes
Asphodelus-ähnlich

asplenifólius
mit Blättern wie
Asplenium

aspleniifólius
mit Blättern wie
Asplenium

aspréllus
rauschuppig

ássa-fóétida
Stinkasant

assaménsis
Assam- (Indien)

assámicus
Assam- (Indien)

assímilis
verwandt

assúrgens
aufstrebend

assurgentiflórus
mit aufstrebenden Blüten

assyríacus
assyrisch

astérias
1. Astrophytum, Stapelia:
Seestern; 2. Coryphantha:
Stern-; 3. Silene:
Bedeutung unbekannt

asterioídes
dem Astrophytum asterias
ähnlich

asterochnóus
mit sternförmigen
Wollhaaren

asteroídes
Stern-ähnlich, Aster-
ähnlich

asterótrichus
sternhaarig

astilboídes
Astilbe-ähnlich

astrachánicus
Astrachan- (Südrussland)

astríngens
im Geschmack
zusammenziehend

astrócalyx
mit sternförmigem Kelch

astúricus
Asturien- (Nordspanien)

asturiénsis
Asturien- (Nordspanien)

astútus
schlau, listig

astýlis
ohne Griffel

atacaménsis
Atacama- (Südamerika)

atalantioídes
Atalantia-ähnlich

atamásco
Atamasco- (Virginia, USA)

áter, átra, átrum
schwarz

atérrimus
tiefschwarz

athamánticus
Athamas- (Griechenland)

athanásiae
Athanasia- (Compositae)

athéricus
mit Grannen

atheródes
grannenartig

athóus
Athos- (Griechenland)

atitlanénsis
Atitlán- (Guatemala)

atlánticus
Atlasgebirge-; bei
Rhododendron: atlantisch

atomárius
fein punktiert

atrándrus
mit schwarzen
Staubblättern

atrátus
geschwärzt

atriplicifólius
mit Blättern wie Atriplex

atrispinósus
mit dunklen Dornen

atrispínus
mit dunklen Dornen

atrobrúnneus
dunkelbraun

atrocárpus
schwarzfrüchtig

atrococcíneus
dunkelscharlachrot

atrocóccus
schwarzbeerig

atrocyáneus
schwarzblau

atroflórens
dunkelblütig

atrofúscus
schwärzlich braunrot

atrokermesínus
dunkelkermesinrot

atropunctátus
dunkel punktiert

atropurpúreus
dunkelpurpurrot

atrórubens
dunkelrot

atrosanguíneus
dunkelblutrot

atrospinósus
mit dunklen Dornen

atrovaginátus
mit dunkler Scheide

atrovioláceus
dunkelviolett

atróvirens
schwärzlich grün

atroviridifólius
mit schwärzlich grünen
Blättern

atroviridipétalus
mit dunkelgrünen
Kronblättern

atrovíridis
schwärzlich grün

attenuátus
verschmälert

átter
malayischer
Pflanzenname
(Gigantochloa)

átticus
Attika- (Griechenland)

atuntsuénsis
von A-tun-tsu (Yunnan,
China)

aublétia
nach der Gattung Aubletia

aubrietioídes
Aubrieta-ähnlich

aubrietoídes
Aubrieta-ähnlich

aucubifólius
mit Blättern wie Aucuba

aucupárius
für Vogelfang

augústus
majestätisch

áulicus
fürstlich

auranítidus
goldglänzend

aurantíacus
orangerot

aurantifólius
mit Blättern wie Citrus
aurantium

aurantiifólius
mit Blättern wie Citrus

aurantium

aurántium
nach dem persischen
Namen einer Citrus-Art

aurántius
orangerot

aurátus
golden

aureicéntrus
mit gelbem Mitteldorn

aureíceps
goldköpfig

aureiflórus
mit goldgelben Blüten

aureilanátus
gelbwollig

aureinítens
goldglänzend

aureispínus
mit gelben Dornen

aurelianénsis
Orleans- (Frankreich)

aureobrúnneus
golden und braun

aureocárpus
mit goldenen Früchten

aureofúlvus
goldbraun

auréolus
etwas golden

aureomaculátus
golden gefleckt

aureomarginátus
golden berandet

aureónitens
goldglänzend

aureopurpúreus
golden und rot

aureoróseus
golden-rosa

aureosulcátus
golden gefurcht

aureoviridiflórus
golden und grün blühend

aureovíridis
golden und grün

áúreus
goldgelb

auriazúreus
golden und blau

auribérbis
gelbbärtig

aureíceps
mit goldenen Köpfen

aurícolor
goldfarben

aurícomus
goldhaarig

aurícula
lateinischer
Pflanzenname: Öhrchen

auriculáris
ohrförmig

auriculátus
ohrförmig

auriculifólius
aurikelblättrig

auriculifórmis
ohrenförmig

aurihamátus
mit goldgelben Haken

aurisasinórum
Eselsohr-

aurítus
geöhrt

aurivíllus
Goldhaar-

ausénsis
von Aus (Namibia)

austérus
herb

australásiae
Südasien-

australásicus
australisch

austrális
südlich, australisch

austríacus
österreichisch

austrínus
südlich

áústro-africánus
südafrikanisch

austroalpínus
Südalpen-

austromontánus
der südlichen Berge (bei
Fuchsia von Peru, bei
Monarda und Phlox der
USA)

autlanénsis
Autlan- (Mexiko)

autumnális
Herbst-

avasmontánus
Auasberge- (Namibia)

avellána
1. Corylus: lateinischer
Pflanzenname: Abella-
(Italien); 2. Gevuina:
chilenischer
Pflanzenname

avenáceus
haferartig

avicenniifólius
mit Blättern wie
Avicennia (Verbenaceae)

aviculáris
als Vogelfutter dienend

ávium
Vogel-

axilláris
achselständig

axilliflórus
mit Blüten in den
Blattachseln

aximénsis
Aime- (Savoyen)

axíphius
ohne Schwert, nicht
schwertförmig (Früchte)

ayacahuíte
Volksname der Pinus-Art
in Mexiko

ayavacénsis
Ayavaca- (Peru)

ayopayánus
Ayopaya- (Bolivien)

azadiráchta
nach einem persischen
Pflanzennamen (Antelaea)

azarólus
nach einem arabischen
Pflanzennamen
(Crataegus)

azédarach
nach einem persischen
Pflanzennamen (Melia)

azerénsis
Azero- (Bolivien)

azóricus
Azoren- (Atlantischer
Ozean)

aztecórum
der Azteken

azuénsis
aus der Provinz Azua
(Santo Domingo,
Antillen)

azúreus
himmelblau

babylónicus
Babylon- (Irak)

bacába
brasilianischer Name
einer Oenocarpus-Art

báccans
beerenartig werdend

baccátus
mit Beeren

**báccifer, baccífera,
baccíferum**
Beeren tragend

bacilláris
stäbchenförmig

báculus
Stecken, Stock

badénsis
von Baden (bei Wien)

bádius
kastanienbraun

baeóticus
Böotien- (Voiotia,
Griechenland)

báéticus
vom bätischen Gebirge
(Südspanien, Andalusien)

bahiánus
Bahia- (Brasilien)

bahiénsis
Bahia- (Brasilien)

baicalénsis
Baikalsee-

29

baikalénsis
Baikalsee-

bakonyénsis
Bakony- (Ungarn)

balangénsis
Balang- (China)

baláta
indianischer
Pflanzenname
(Manilkara)

balcánicus
Balkan-

balcánus
Balkan-

baldénsis
vom Monte Baldo
(Gardasee, Italien)

baldschuánicus
Baldschuan- (Mittelasien)

baleáricus
Balearen-

balkánus
Balkan-

balsámeus
balsamisch

**balsámifer, balsamífera,
balsamíferum**
Balsam liefernd

balsámina
antiker Pflanzenname

balsamíta
lateinischer Pflanzenname

balsamitoídes
Balsamita-ähnlich

bálsamum
Balsam

balsasénsis
Balsasfluss- (Mexiko)

balsasoídes
der Mammillaria
balsasensis ähnlich

bálticus
baltisch

bámbos
nach einem malayischen
Pflanzennamen
(Bambusa)

bambusárum
Bambus-

bambusifólius
bambusblättrig

bambusíphilus
Bambus liebend

bambusoídes
Bambus-ähnlich

banáticus
Banat- (Jugoslawien und
Rumänien)

bancánus
Banka- (Indonesien)

bandénsis
von Banda Oriental, heute
Uruguay

bannáticus
Banat- (Jugoslawien und
Rumänien)

bárba-jóvis
Jupiterbart

barbadénsis
Barbados- (Westindien)

barbaréa
lateinischer
Pflanzenname:
Barbarakraut

barbaróssa
roter Bart

bárbarus
barbarisch, ausländisch

barbátus
bärtig

barbellátus
mit kleinen Bärten

**bárbiger, barbígera,
barbígerum**
Bart tragend

barbinérvis
mit bärtigen Nerven

barbulátus
etwas bärtig

bárometz
russischer Pflanzenname
(Cibotium)

bartonioídes
Bartonia-ähnlich

barýstachys
mit schweren Ähren

basális
grundständig

basálticus
Basalt-

baselloídes
Basella-ähnlich

bashanénsis
Bashan- (China)

basiláris
grundständig

basílicum
königliche Heilpflanze

basílicus
königlich

básjoo
japanischer Pflanzenname
(Musa)

batangénsis
Batang- (Setschuan,
China)

batátas
Name der Batate auf Haiti

batáua
nach dem Namen der
Jessenia-Art in
Südamerika

bauhínia
nach der Gattung
Bauhinia

bauhinifólius
mit Blättern wie Bauhinia

bauhiniiflórus
mit Blüten wie Bauhinia

bauhinioídes
Bauhinia-ähnlich

baváricus
bayerisch

bávarus
bayerisch

baxaniénsis
Baxania- (Kuba)

beauforténsis
Beaufort- (Südafrika)

bébius
vom Bebischen Gebirge
(Dalmatien)

beccabúnga
nach dem deutschen
Pflanzennamen
Bachbunge

begoniifólius
mit Blättern wie Begonia

beharénsis
Behara- (Madagaskar)

bélgicus
belgisch

belinénsis
von Belin (bei Antalya,
Türkei)

bélla-dónna
schöne Frau

belladónna
schöne Frau

bellátulus
niedlich

bellidiástrum
Bellis-artig

bellidiflórus
mit Blüten wie Bellis

bellidifólius
mit Blättern wie Bellis

bellidifórmis
Bellis-artig

bellidioídes
Bellis-ähnlich

bellínus
schön

bellíricus
nach dem Namen einer
Frucht in Indien
(Terminalia)

bellobátus
schöne Brombeere

bellunénsis
Belluno- (Norditalien)

béllus
schön, hübsch

belophýllus
pfeilblättrig

benedíctus
segensreich, heilkräftig

bengalénsis
Bengalen-

benghalénsis
Bengalen-

benguellénsis
Benguela- (Angola)

benjamínus
nach einem
Pflanzennamen in Indien
(Ficus)

benzoídes
der Styrax benzoin
ähnlich

bénzoin
nach arabisch: javanischer
Weihrauch (Styrax)

beraviénsis
Beravina- (Madagaskar)

berberifólius
mit Blättern wie Berberis

bergámius
nach einem arabischen
Pflanzennamen (Citrus)

bermejoénsis
Bermejo- (Argentinien)

bermudánus
Bermuda-Inseln-

bermudiánus
1. Albizia, Juniperus:
Pflanze der Bermuda-
Inseln; 2. Sisyrinchium:
lateinischer Pflanzenname

bernalénsis
Bernal- (Mexiko)

bernínae
Bernina- (Schweiz)

berolinénsis
aus Berlin

bessarábicus
bessarabisch

betáceus
runkelrübenartig

bétle
malabarischer
Pflanzenname (Piper)

31

betónica
nach der Gattung
Betonica

betonicifólius
mit Blättern wie Betonica

betonicoídes
Betonica-ähnlich

betulifólius
birkenblättrig

betulínus
birkenartig, wie
Birkenrinde

betuloídes
Birken-ähnlich

bétulus
mittelalterlicher
Pflanzenname: Birke

bhólua
nach dem Volksnamen der
Daphne-Art in Nepal

bhotánicus
Bhutan-

bhutanénsis
Bhutan-

bhutánicus
Bhutan-

biáfrae
Biafra- (Kamerun)

biauriculátus
mit 2 kleinen Ohren

biaurítus
mit 2 Ohren

bicalcarátus
mit 2 Spornen

bicallósus
mit 2 Schwielen

bicampanulátus
zweiglockig

bicapsuláris
mit 2 Kapseln

bicarinátus
mit 2 Kielen

bicaudátus
mit 2 Schwänzen

bicolánus
Bicol- (Philippinen)

bícolor
zweifarbig

bicolorispínus
mit zweifarbigen Dornen

bicórnis
mit 2 Hörnern

bicornútus
mit 2 Hörnern

bicostátus
mit 2 Rippen

bicrenátus
doppelt gekerbt

bictoniénsis
Bicton- (England)

bicuspidátus
mit 2 Spitzen

bídens
zweizähnig

bidentátus
zweizähnig

biénnis
zweijährig

bífer, bífera, bíferum
zweimal blühend

bífidus
zweispaltig

biflabellátus
mit 2 Fächern

biforifórmis
Tulipa-biflora-artig

biflórus
zweiblütig

bifólius
zweiblättrig

bifórmis
zweigestaltig

bífrons
mit unterschiedlichen
Blättern oder Blattseiten

bifurcátus
gegabelt, zweizackig

bigéminus
doppelt gepaart

biggibulósus
mit 2 kleinen Höckern

bigíbbus
mit 2 Höckern

biglandulósus
mit 2 Drüsen

biglobósus
mit 2 Kugeln

biglúmis
mit 2 Spelzen

bignoniáceus
Bignonia-artig

bignonioídes
Bignonia-ähnlich

bíhai
indianischer
Pflanzenname (Musa)

bijugátus
mit 2 Paaren

bíjugus
mit 2 Paaren

bilbaoénsis
Bilbao- (Bolivien)

bilímbi
javanischer Pflanzenname
(Averrhoa)

billbergioídes
Billbergia-ähnlich

bílobus
zweilappig

binátus
zweiteilig

binervátus
zweinervig

binérvis
zweinervig

binervósus
zweinervig

bioritsénsis
Bioritsu- (Taiwan)

bipartítus
zweiteilig

bipennifólius
mit doppelt
fiederförmigen Blättern

bipinnatífidus
doppelt fiederspaltig

bipinnátus
doppelt gefiedert

biradiátus
zweistrahlig

biscutélla
nach der Gattung
Biscutella

biserrátus
doppelt gesägt

bisnagáricus
Vijayanagar- (Südindien)

bispinósus
mit 2 Dornen

bisquamátus
mit 2 Schuppen

bistórta
lateinischer
Pflanzenname: zweimal
gedreht

bistortoídes
dem Polygonum bistorta
ähnlich

bitchiuénsis
Bitschiu- (Japan)

bitchuénsis
Bitschiu- (Japan)

biternátus
doppelt dreizählig

bithýnicus
Bithynien- (Türkei)

bituminósus
nach Asphalt riechend,
Asphalt-

biuncinátus
mit 2 Widerhaken

biválvis
zweiklappig

bivittátus
mit 2 Bändern

blandfordiiflórus
mit Blüten wie
Blandfordia

blándus
angenehm

blattária
antiker Pflanzenname:
Schabenkraut

blechnifólius
mit Blättern wie
Blechnum

blechnoídes
Blechnum-ähnlich

bléo
Pflanzenname in
Kolumbien (Pereskia)

blepharócalyx
mit gewimpertem Kelch

blepharophýllus
wimperblättrig

blitoídes
Blitum-ähnlich

blítum
nach der Gattung Blitum

boárius
Rinderfutter-

bocasánus
von der Sierra de Bocas
(Mexiko)

bocénsis
von der Sierra de Bocas
(Mexico)

bodnanténsis
aus Bodnant Gardens
(Wales)

boeóticus
böotisch (Griechenland)

bóéticus
vom bätischen Gebirge
(Südspanien, Andalusien)

bogoténsis
Bogota- (Kolumbien)

bóhea
Sortenname des
schwarzen Tees in
Ostasien

bohémicus
böhmisch

bokhariénsis
Buchara- (Usbekistan)

bolaénsis
von der Sierra Bola
(Mexiko)

bóldus
nach einem
Pflanzennamen in Chile
(Peumus)

boliviánus
Bolivien-

boliviénsis
Bolivien-

boloniénsis
Boulogne- (Frankreich)

bomareifólius
mit Blättern wie Bomarea

**bombýcifer,
bombycífera,
bombycíferum**
Seide tragend

bombýcinus
seidenartig

bómbycis
Seidenraupen-

**bombýlifer, bombylífera,
bombylíferum**
Wollschweber tragend

bóna-nóx
gute Nacht

bonariénsis
Buenos-Aires-

bonátea
nach der Gattung Bonatea

bongolavénsis
Bongolava- (Nord-
Madagaskar)

bóngso
Name der Nepenthes-Art
in Sumatra

boninénsis
Bonin- (Philippinen)

bononiénsis
Bologna- (Italien)

bónus
gut

bónus-henrícus
guter Heinrich

borboniánus
Réunion- (Maskarenen)

borbónicus
Réunion- (Maskarenen)

borealiatlánticus
nordatlantisch

boreális
nördlich

boreoatlánticus
nordatlantisch

borísii-régis
von König Boris

boroniifólius
mit Blättern wie Boronia

boronioídes
Boronia-ähnlich

borysthénicus
vom Dnjepr (Ukraine)

bosníacus
bosnisch

botryápium
Birne mit traubigem
Blütenstand

botryoídes
Trauben-ähnlich

bótrys
Traube

botrýtis
Trauben-

bouvardioídes
Bouvardia-ähnlich

bovicornútus
mit Stierhörnern

bowiéa
nach der Gattung Bowiea

boydilacínus
Bastard aus Saxifraga
boydii und S. lilacina

boyuibenénsis
Boyuibe- (Azero,
Bolivien)

brachiátus
armförmig, ästig

brachyacánthus
kurzdornig

brachyándrus
mit kurzen Staubblättern

brachyánthus
mit kurzen Blüten

brachýbotrys
mit kurzer Traube

brachýcalyx
mit kurzem Kelch

brachycárpus
mit kurzen Früchten

**brachycáulos,
brachycáulos,
brachycáulon**
mit kurzem Stängel

brachycéphalus
mit kurzem Kopf

brachýceras
mit kurzem Horn

brachycérus
mit kurzem Horn

brachýlobus
mit kurzen Lappen

brachypétalus
mit kurzen Kronblättern

brachyphýllus
mit kurzen Blättern

brachýpodus
mit kurzem Stiel

bráchypus
mit kurzem Stiel

brachysíphon
kurzröhrig

brachýstachys
mit kurzer Ähre

brachystáchyus
mit kurzer Ähre

brachystémon
mit kurzen Staubblättern

brachýtrichus
kurzhaarig

brachýtylus
mit kurzen Wülsten

bracteátus
mit Deckblättern

bracteoláris
mit Deckblättern

bracteósus
mit Deckblättern

bractéscens
Deckblätter bildend

brakdaménsis
Brakdam- (Südafrika)

brandraaiénsis
Branddraai- (Transvaal, Südafrika)

brasiliánus
brasilianisch

brasílicus
brasilianisch

brassávolae
Brassavola-

braziliénsis
Brasilien-

brevibracteátus
mit kurzen Deckblättern

brevicalcarátus
mit kurzem Sporn

brevícalyx
mit kurzem Kelch

brevicaudátus
kurzschwänzig

brevicáúlis
kurzstängelig

brevicórnu
mit kurzem Horn

brevicrínitus
mit kurzen Haaren

brevicylíndricus
kurzzylindrisch

brévidens
kurzzähnig

breviflórus
mit kurzen Blüten

brevifólius
mit kurzen Blättern

breviglúmis
mit kurzen Spelzen

brevihamátus
mit kurzen Haken

brevílabris
mit kurzer Lippe

breviligulátus
kurz zungenförmig

brevilóbis
kurzlappig

brevipaniculátus
kurzrispig

brevipedicellátus
mit kurz gestieltem Blütenstand

brevipedunculátus
mit kurz gestielten Blüten

brévipes
kurzstielig

brevípilus
kurzhaarig

breviracemósus
mit kurzen Trauben

brevirámus
mit kurzen Zweigen

brevirimósus
mit kurzen Borsten

breviróstris
kurz geschnäbelt

brévis
kurz

breviscápus
mit kurzem Schaft

breviséctus
kurz geschnitten

breviserrátus
kurz gesägt

brevisétus
mit kurzen Stacheln

brevíspathus
kurzscheidig

brevispínus
mit kurzen Dornen

brevístylus
mit kurzem Griffel

brevitórtus
kurz gedreht

brevitúbus
mit kurzer Röhre

brigantíacus
von Briançon (Westalpen, Frankreich)

brigantínus
von Briançon (Westalpen, Frankreich)

bristolénsis
Bristol- (England)

bristoliénsis
Bristol- (England)

británnica
lateinischer
Pflanzenname: britisch

británnicus
britisch

britzénsis
von Berlin-Britz

brizánthus
zittergrasblütig

briziförmis
zittergrasförmig

brizoídes
Zittergras-ähnlich

bromeliifólius
mit Blättern wie Bromelia

bromelioídes
Bromelia-ähnlich

bromoídes
Trespen-ähnlich

bromoídeus
Trespen-ähnlich

bronchiális
Bronchien-, Husten-

brooklynénsis
Brooklyn- (New York, USA)

brósimos
essbar

brumális
spät blühend, winterlich

bruniifólius
mit Blättern wie Brunia (Bruniaceae)

bruníspinus
mit braunen Dornen

brunneoaurantíacus
goldbraun

brunneoradicátus
mit dunkelbrauner Wurzel

brunnéscens
bräunlich

brúnneus
dunkelbraun

brunoniánus
nach Robert Brown
benannt (1773-1858)

brunónis
nach Robert Brown
benannt (1773-1858)

brútius
Kalabrien- (Süditalien)

bryoídes
Moos-ähnlich

bryolophótus
mit moosigem Kamm

bryonioídes
Bryonia-ähnlich

bubalínus
Büffel-

bucareliénsis
Bucarel- (Mexico)

buccinátor
der Trompeter

buccinatórius
allbekannt

bucciniifórmis
trompetenförmig

bucculéntus
großspurig

bucéphalus
Rundkopf

búceras
antiker Pflanzenname

bucháricus
Bucharei- (Usbekistan)

buddleifólius
mit Blättern wie Buddleja

buddleioídes
Buddleja-ähnlich

bufónius
krötenartig

bugulifólius
günselblättrig

**búlbifer, bulbífera,
bulbíferum**
Zwiebel tragend

bulbígenus
Zwiebeln bildend

**bulbílifer, bulbilífera,
bulbilíferum**
Knöllchen tragend

**bulbíllifer, bulbillífera,
bulbillíferum**
Zwiebel tragend

bulbispérmus
mit zwiebelförmigen
Samen

bulbispínus
mit zwiebelförmigen
Stacheln

bulbócalyx
mit zwiebelförmigem
Kelch

bulbocástanum
Erdkastanie

bulbocodioídes
Bulbocodium-ähnlich

bulbocódium
antiker Pflanzenname

bulbósus
knollig

**bulbúlifer, bulbulífera,
bulbulíferum**
kleine Knollen tragend

bulgáricus
bulgarisch

bullátus
blasig

bullulátus
mit kleinen Blasen

bumálda
1. Staphylea: nach der
Gattung Bumalda
(Sapindaceae), 2.
Spiraea:
Bedeutung nicht bekannt

bumámmus
mit großen Warzen

búnius
nach einem malayischen
Pflanzennamen
(Antidesma)

buphanoídes
Buphane-ähnlich
(Amaryllidaceae)

bupleurifólius
mit Blättern wie
Bupleurum

bupleuroídes
Bupleurum-ähnlich

búrahol
javanischer Pflanzenname

bureavioídes
dem Rhododendron
bureavi ähnlich

burejáéticus
Burejagebirge- (Ostasien)

burfordiénsis
aus Burford Lodge
(Surrey, England)

burmánicus
Myanmar- (Burma)

búrsa-pastóris
Hirtentasche

busambarénsis
von der Rocca Busambra
(Sizilien)

butyráceus
butterartig

buxifólius
buchsblättrig

byzanthínus
Istanbul-

byzantínus
Istanbul- (Türkei)

caápi
Name der Banisteriopsis-
Art in Brasilien

cabardénsis
Kabardien- (Nord-
Kaukasus)

cáblin
Pflanzenname auf den
Philippinen (Pogostemon)

cabúlicus
Kabul- (Afghanistan)

cabúya
nach dem Namen einer
Furcraea-Art in
Mittelamerika

cacaliáster
unechte Cacalia-Art

cacaliifólius
mit Blättern wie Cacalia

cacalioídes
Cacalia-ähnlich

cacáo
nach dem mexikanischen
Namen des Kakaobaums

cachemiriánus
Kaschmir- (Indien)

cachemíricus
Kaschmir- (Indien)

cachénsis
Cachi- (Argentinien)

cactícola
Kakteenbewohner, auf
Kakteen wachsend

37

cactifórmis
kaktusförmig

cadámba
Pflanzenname in Indien
(Anthocephalus)

cadereyténsis
Cadereyta- (Mexiko)

cádmicus
vom Berg Cadmus
(Karien, Türkei)

caduciflórus
mit Blüten, die leicht
abfallen

caécus
blind, verdeckt

caeléstis
himmelblau

caeruleogláúcus
blaugrün

caeruleoracemósus
mit blauen Trauben

caeruléscens
bläulich

caerúleus
blau

caerúleus-grándis
die große Betula-caerulea-
Art

caesáreus
Kaisari- (Türkei)

caesiigláúcus
blaugrau

cáésius
blaugrau, bläulich

caespitítius
rasenartig

caespitósus
Rasen bildend

cáffer, cáffra, cáffrum
Kaffern-

caffrórum
Kaffern-

caimíto
Pflanzenname in den
Anden (Pouteria)

cainíto
Pflanzenname in
Mittelamerika
(Chrysophyllum)

caíricus
Kairo- (Ägypten)

cairnsiánus
Cairns- (Nordost-
Australien)

cájan
malayischer
Pflanzenname (Cajanus)

cajasénsis
Cajas- (Bolivien)

calába
Pflanzenname in
Westindien (Calophyllum)

calábricus
Kalabrien- (Italien)

calábrus
Kalabrien-

calabúra
neuzeitlicher
Pflanzenname

calacánthus
mit schönen Dornen

calamagróstis
Schilfgras, Reitgras

calamifólius
rohrblättrig

calamifórmis
rohrförmig

calamináris
Galmei- (erzhaltiger
Boden)

calaminárius
Galmei- (erzhaltiger
Boden)

calamíntha
antiker Pflanzenname:
schöne Minze

calaminthifólius
mit Blättern wie
Calamintha

calamistrátus
gekräuselt

cálamus
lateinischer
Pflanzenname: Kalmus

calandrinioídes
Calandrinia-ähnlich

calánthus
schönblütig

calatheaphýllus
mit Blättern wie Calathea

caláthinus
korbartig

calcarátus
gespornt

calcáreus
1. Titanopsis: kalkig
aussehend; 2. Polygala,
Sempervivum tectorum:
auf Kalk wachsend

calcátus
zertreten

calceolária
Pantoffel-

calceoláris
pantoffelförmig

calcéolus
kleiner Schuh

calcícola
Kalkbewohner, Kalk-

calcítrapa
lateinischer
Pflanzenname: Fußangel

calcítrapae
mit Blättern wie
Centaurea calcitrapa

cálculus
glattes Steinchen

caldasínus
Caldas- (Minas Geraes,
Brasilien)

calderánus
Caldera- (Chile)

calendárum
vom Monatsersten,
Monats-

caléndula
nach der Gattung
Calendula

calenduláceus
ringelblumenartig

califórnicus
kalifornisch

calíginis
Nebel-

caliginósus
umnebelt

calipénsis
Callipan- (Mexiko)

calisáya
spanischer Pflanzenname
(Cinchona)

calliánthus
mit schönen Blüten

callicárpus
mit schönen Früchten

callichrómus
schönfarbig

callichrýsus
schön golden

calliglóssus
mit schöner Zunge

callilépis
schönschuppig

callimíschon
schönstielig

callimórphus
von schöner Gestalt

calliopsídeus
Calliopsis-ähnlich

callistáchys
mit schöner Ähre

callistegioídes
Calystegia-ähnlich

callístos
sehr schön

callithýrsus
mit schönen Sträußen

callitrichoídes
Wasserstern-ähnlich

callizónus
schön geringelt

callochrýseus
schön golden

callósus
schwielig

calocárpus
schönfrüchtig

calocéphalus
mit schönem Kopf

calochlórus
schön grün

calócomus
mit schönem Schopf

calodéndron
schöner Baum

caloglóssus
mit schöner Zunge

calomélanos
schön schwarz

calonéúrus
mit schönen Nerven

calophýllus
mit schönen Blättern

calóphytum
schöne Pflanze

calópterus
schön geflügelt

calorúber, calorúbra, calorúbrum
schön rot

calostrótus
schön ausgebreitet

calothécus
mit schönen Früchten

calothýrsus
mit schönen Sträußen

caloxánthus
schön gelb

calpodéndron
Urnenbaum

calthifólius
mit Blättern wie Caltha

calúrus
mit schönem Schwanz

calvátus
kahl

calvéscens
kahl werdend

cálvus
kahl

calycífidus
mit gespaltenem Kelch

calycinoídes
Kelch-ähnlich

calýcinus
Kelch-

calycogónus
mit eckigem Kelch

calycósus
mit großen Kelchen

calycótrichus
mit behaartem Kelch

calyculátus
mit Hüllkelch

calyphýllus
mit blattartigem Kelch

calyptrátus
mit Haube

camaldulénsis
Camaldoli- (Italien)

camánchicus
Camanche- (USA)

cámara
Pflanzenname in
Westindien (Lantana)

camargénsis
Camargo- (Cinti,
Bolivien)

camarguénsis
Camargo- (Cinti,
Bolivien)

camataquiénsis
Camataqui- (Bolivien)

cambrénsis
Wales- (Großbritannien)

cámbricus
kambrisch, Wales-
(Großbritannien)

camelliiflórus
mit Blüten wie Camellia

camelórum
der Kamele

cámmarum
antiker Pflanzenname

campaniflórus
glockenblütig

campanifórmis
glockenförmig

campánula
kleine Glocke

campanulárius
glockenförmig

campanulátus
glockenförmig

campanuloídes
Glockenblumen-ähnlich

campáspe
nach einer antiken
Schönheit zur Zeit
Alexanders des Großen

campechiánus
Campeche- (Mexiko)

**campéster, campéstris,
campéstre**
Feld-

campestrénsis
von Campestre Alto (Rio
Grande do Sul, Brasilien)

cámphora
Kampfer

camphorátus
kampferhaltig

camphorifólius
mit Blättern wie
Camphora

campinénsis
Campinas- (Brasilien)

campórum
der Felder

camptótrichus
mit gebogenen Haaren

campylacánthus
mit krummen Dornen

campylócalyx
mit gebogenem Kelch

campylocárpus
krummfrüchtig

campyloglóssus
mit gebogener Zunge

campylógynus
mit krummem Griffel

campylópodus
mit krummen Stielen

campylótropus
mit gekrümmtem Kiel

camschatcénsis
Kamtschatka-

camtschatcénsis
Kamtschatka-

camtscháticus
Kamtschatka-

canacruzénsis
von Cana Cruz (Cinti,
Bolivien)

canadénsis
kanadisch

canaliculátus
kanalartig, rinnig

canariénsis
kanarisch

cancellátus
gitterförmig

candamarcénsis
Cundimarca- (Kolumbien)

candelábrus
Armleuchter-

candelábrum
Armleuchter

candélifer, candelífera, candelíferum
Kerzen tragend

candelílla
span.: Nachtlicht

cándicans
weiß werdend

candidíssimus
reinweiß

candídulus
weiß

cándidus
reinweiß

canelénsis
von der Sierra Canelo (Mexiko)

canéphorus
Korbträger

canéscens
grau werdend

cangerána
Pflanzenname in Brasilien (Cabralea)

canínus
hundsgemein, Hunds-

cannabifólius
hanfblättrig

cannabinifólius
mit Blättern wie Cannabis

cannabínus
hanfartig

cannifólius
mit Blättern wie Canna

cantábilis
des Besingens wert

cantábrica
lateinischer Pflanzenname (Convolvulus)

cantábricus
Kantabrien- (Spanien)

cantabrigiénsis
Cambridge- (England)

cantaénsis
Canta- (Peru)

cántala
nach einem Pflanzennamen in Indien

cantálicus
Cantal- (Zentralfrankreich)

cantalúpa
Cantaluppe- (Gutshof bei Rom)

canterburiénsis
Canterbury- (Neuseeland)

canterburyánus
Canterbury- (Neuseeland)

cantoniénsis
Kanton- (China)

cánus
weißgrau

cáp-saintemariénsis
vom Cap St. Marie (Südspitze von Madagaskar)

capénsis
Kap- (Südafrika)

caperátus
gerunzelt

capilláceus
haarförmig

capillaénsis
von Capilla del Monte (Argentinien)

capilláris
haarfein

capillátus
fein behaart

capillifórmis
haarförmig

capíllipes
mit behaarten Stielen

capíllus-véneris
Venushaar

capíri
Name der Lucuma-Art in Mexiko

capitátus
kopfförmig

capitéllus
mit kleinem Kopf

capitulátus
köpfchenförmig

capnoídes
Pflanzenname: rauchgraue Pflanze

capóllin
nach dem Namen einer Prunus-Art in Mexiko

cappadócicus
kappadozisch (Türkei)

capreolátus
mit Gabelranken

cápreus
Ziegen-

capricórnis
Ziegenhorn-

caprifólium
lateinischer Pflanzenname: Geißblatt

capsicástrum
das unechte Capsicum

capsuláris
kapselartig

41

cáput-ávis
Vogelkopf

cáput-félis
Katzenkopf

cáput-medúsae
Medusenhaupt

caracálla
nach spanisch: Schnecke

caracarénsis
Cara-Cara- (Bolivien)

caracasánus
Caracas- (Venezuela)

carácu
nach dem Namen der
Xanthosoma-Art in
Mittelamerika

caramánicus
Karamanien- (Kleinasien)

carambóla
Pflanzenname in Indien
(Averrhoa)

carándas
nach dem Namen der
Carissa-Art in Ostasien

caraváta
Pflanzenname in Guyana
(Elleanthus)

carchénsis
Carchá- (Guatemala)

cardaminifólius
mit Blättern wie
Cardamine

cardamómum
lateinischer
Pflanzenname:
Kardamome

cardíaca
lateinischer
Pflanzenname: Herz- oder
Magenmittel

cardinális
scharlachrot; bei Lobelia:
lateinischer Pflanzenname

cardioéídes
Herz-ähnlich

cardioglóssus
mit herzförmiger Lippe

cardiophýllus
mit herzförmigen Blättern

cardiosépalus
mit herzförmigen
Kelchblättern

carduáceus
distelartig

carduchórum
Kurden-

cardúnculus
kleine Distel

carélicus
Karelien- (Finnland,
Russland)

caribáeus
karibisch (Mittelamerika)

caricifólius
mit Blättern wie Carex

caricínus
Carex-artig

caricósus
Seggen-ähnlich

cáricus
1. Ficus: nach der
Bezeichnung für die
Früchte; 2. Fritillaria:
karisch (Türkei);

carinális
Kiel-

carinatifólius
mit gekielten Blättern

carinátus
gekielt

carinénsis
Carin- (Somalia)

**carínifer, carinífera,
caríniferum**
mit Kiel

carinthíacus
Kärntner- (Österreich)

carlcéphalus
Bastard aus Viburnum
carlesii und V.
macrocephalum

carlinifólius
mit Blättern wie Carlina

carlinoídes
Carlina-ähnlich

carmenénsis
von der Carmen-Insel
(Kalifornien)

carmichaéliae
Carmichaelia-

carminánthus
karminfarben blühend

carmíneus
karminfarben

carminifilamentósus
mit karminfarbenen
Staubfäden

carnerosánus
vom Carneros-Pass
(Mexiko)

cárneus
fleischfarben

carnícolor
fleischfarben

cárnicus
karnisch (Südalpen)

carnió̇licus
Krainer- (Jugoslawien)

carnósulus
etwas fleischig

carnósus
fleischig

carolinénsis
Carolina- (USA)

caroliniánus
Carolina- (USA)

caroliniénsis
Carolina- (USA)

caroliniifó̇lius
mit Blättern wie
Carolinea (Bombacaceae)

carolínus
Carolina- (USA)

caró̇ta
Karotte

carpathícola
Karpatenbewohner

carpáthicus
Karpaten-

cárpathus
Karpathos-
(Griechenland)

carpáticus
Karpaten-

carpetánus
von der Cordillera Central
(Carpetani Montes,
Spanien)

carpinifó̇lius
hainbuchenblättrig

carrizalénsis
Carrizal- (Chile)

carstiénsis
Karst- (Balkan)

cartagénsis
Cartago- (Costa Rica)

carthagenénsis
Cartagena- (Kolumbien)

carthaginénsis
Cartagena- (Kolumbien)

carthalíniae
Kartlia- (Kaukasus)

carthamoídes
Carthamus-ähnlich

cárthlicus
iberisch (Kaukasus)

carthusianórum
der Kartäuser-Mönche

carthusiánus
von La Grande Charteuse,
(bei Grenoble,
Frankreich)

cartilagíneus
knorpelig

carunculátus
mit fleischigen Warzen

cárvi
nach einem arabischen
Pflanzennamen (Carum)

carvifó̇lia
Pflanzenname:
Kümmelblatt

carvifó̇lius
mit Blättern wie Kümmel

caryophylláceus
nelkenartig

caryophyllátus
nelkenartig

caryophýlleus
nelkenartig

caryophylloídes
Nelken-ähnlich

caryophýllus
lateinischer
Pflanzenname: Nelke

caryopteridifó̇lius
mit Blättern wie
Caryopteris

caryotídeus
Caryota-ähnlich

caryotifó̇lius
mit Blättern wie Caryota

caryotoídes
Caryota-ähnlich

cascarílla
Rinde

caseoláris
Käse-ähnlich

cashmeriánus
Kaschmir-

cashmiriánus
Kaschmir-

cashmiriénsis
Kaschmir-

cáspicus
vom Kaspischen Meer

cáspius
vom Kaspischen Meer

cassába
Volksname einer
Melonensorte

cássia
antiker Pflanzenname

cassíne
nach der Indianer-
Bezeichnung der Ilex-Art

cassinoídes
Cassine-ähnlich
(Celastraceae)

cassúbicus
kaschubisch (Polen)

43

cassumúnar
Pflanzenname in Indien
(Zingiber)

cassútha
nach der Gattung
Cassytha

cassýtha
nach der Gattung
Cassytha

castaneifólius
mit Blättern wie Castanea

castaneoídes
Castanea-ähnlich

castáneus
kastanienbraun

castellánus
Kastilien- (Spanien)

catabrósa
nach der Gattung
Catabrosa

cataláúnicus
katalaunisch, Champagne-
(Frankreich)

catalpifólius
mit Blättern wie Catalpa

catamarcénsis
Catamarca- (Argentinien)

cataphractoídes
der Frailea cataphracta
ähnlich

cataphráctus
gepanzert

catáppa
malayischer
Pflanzenname
(Terminalia)

cataractárum
der Wasserfälle

catária
lateinischer
Pflanzenname:
Katzenpflanze

catariifólius
mit Blättern wie Cataria

catarirénsis
Catarire- (Cochabamba,
Bolivien)

catarráctae
Wasserfall-

catawbiénsis
Catawba- (USA)

cátechu
hindustanischer
Pflanzenname (Acacia,
Areca)

catenátus
kettenförmig (wohl wegen
der gleichmäßig
gegliederten Sprosse)

catenulátus
verkettet

catharínae
von der Ilha-Santa-
Catarina (Brasilien)

cathárticus
abführend

cathayánus
aus Cathay (heute
Nordchina)

cathayénsis
aus Cathay (heute
Nordchina)

catingícola
Bewohner der Catinga
(Vegetationsform
Brasiliens)

cátjang
malayischer
Pflanzenname (Vigna)

caucalifólius
mit Blättern wie Caucalis

cáúcalis
nach der Gattung Caucalis

caucánus
Cauca- (Kolumbien)

caucásicus
kaukasisch

caucasígenus
vom Kaukasus stammend

cáúda-félis
Katzenschwanz

caudatifólius
mit geschwänzten
Blättern

caudatilabéllus
mit geschwänzter Lippe

caudátus
Schwanz-, geschwänzt

caudéscens
Stamm bildend

**cáúdiger, caudígera,
caudígerum**
Schwänze tragend

caudigeréllus
kleine Schwänze tragend

cauléscens
stängelig, Stängel bildend

cauliflórus
stammblütig

**cáúliger, caulígera,
caulígerum**
Stängel tragend

caulocárpus
stängelfrüchtig

caussolénsis
Caussols- (nördlich
Grasse, Südfrankreich)

cautícola
Felsbewohner, Felsen-

cautleoídes
Cautleya-ähnlich

cavénia
nach dem Namen der
Acacia-Art in Argentinien

cavernárum
Höhlen-

cavernósus
ausgehöhlt

cávus
hohl

cayenénsis
Cayenne- (Guyana)

cazorlánus
von der Sierra de Cazorla
(Spanien)

cazorlénsis
von der Sierra de Cazorla
(Spanien)

ceanothoídes
Ceanothus-ähnlich

cebennénsis
Cevennen- (Frankreich)

cebolléta
spanisch: kleine Zwiebel

cedarbergénsis
von den Cedarberg
Mountains (Clanwilliam,
Südafrika)

cedrátus
Zedern-

ceíba
Pflanzenname in Amerika
(Bombax)

celatocáulis
mit verstecktem Stängel

celebénsis
Sulawesi- (Celebes,
Indonesien)

celebesénsis
Sulawesi- (Celebes,
Indonesien)

celébicus
Sulawesi- (Celebes,
Indonesien)

celendinénsis
Celendin- (Peru)

celtibéricus
keltiberisch

célticus
keltisch

celtidifólius
mit Blättern wie Celtis

cémbra
nach dem italienischen
Namen (cembro) dieser
Pinus-Art

cembroídes
der Pinus cembra ähnlich

cengiálti
Cengialto- (Norditalien)

cenísius
vom Mont Cenis
(Frankreich)

centáúrium
Kentaurenkraut

centauroídes
Centaurea-ähnlich

centifólius
hundertblättrig

centigále
Bastard aus Lilium
centifolium und L. regale

centralpínus
Zentralalpen-

centricírrhus
mit Mittelranke

centroamericánus
von Mittelamerika

centrochinénsis
Zentralchina-

cépa
die Zwiebel

cepáceus
zwiebelartig

cepáea
antiker Pflanzenname

cepaeifólius
mit Blättern wie Cepaea

cephalanthoídes
dem Rhododendron
cephalanthum ähnlich

cephalánthus
kopfblütig

cephalénicus
von der Insel Kefallinia
(Griechenland)

cephalónicus
von der Insel Kefallinia
(Griechenland)

cephalóphorus
Köpfchen tragend

cerámicus
Ceram- (Indonesien)

**cerásifer, cerasífera,
cerasíferum**
Kirschen tragend

cerasiflórus
mit Kirschblüten

cerasifórmis
kirschenförmig

45

cerasínus
kirschenartig

cerasocárpus
mit Kirschfrüchten

cerastioídes
Cerastium-ähnlich

cerastoídes
Cerastium-ähnlich

cérasus
Kirsche

ceratínus
hornartig

ceratístes
mit Hörnern stoßend

ceratítes
gehörnt

ceratocárpus
hornfrüchtig

ceratocáúlus
hornstängelig

ceratóphorus
Horn tragend

ceratophýllus
hornblättrig

ceratostígmus
mit hornförmiger Narbe

cercidifólius
mit Blättern wie Cercis

cereális
Getreide liefernd

cerefólium
antiker Pflanzenname

cereícola
Cereus-Bewohner

cereifórmis
kerzenförmig

cereoídes
Cereus-ähnlich

cerésia
nach der Gattung Ceresia
(Gramineae)

céreus
wachsartig, Kerzen-

cereúsculus
einer kleinen Kerze
ähnlich

**cérifer, cerífera,
ceríferum**
Wachs tragend

cerinthoídes
Cerinthe-ähnlich

cérinus
wachsgelb

cérnuus
nickend

cerochítus
mit Wachsüberzug

cerroalbóus
Cerroalboa- (Baja
California, Mexiko)

cérris
Zerreiche

cerúleus
blau

cervária
Hirschwurz

cervicárius
gegen Halsweh

cervicórnis
hirschgeweihartig

cervínus
hirschartig

cespitósus
rasig, Rasen-

cestroídes
Cestrum-ähnlich

céterach
nach einem arabischen
Pflanzennamen

cevennénsis
Cevennen-
(Zentralfrankreich)

ceylánicus
von Sri Lanka

chacoánus
Chaco-

chaerophylloídes
Chaerophyllum-ähnlich

chaerophýllus
Kerbel ähnlich

chaetocárpus
mit borstigen Früchten

chaetophýllus
borstenblättrig

chalarócladus
mit schlaffen Zweigen

chalcedónicus
Chalcedon- (Türkei)

chalepénsis
Aleppo- (Syrien)

challamarcánus
vom Rio Challamarca
(Bolivien)

chalybáéus
stahlblau

chamaebúxus
Zwergbuchs

chamaecéreus
Zwerg-Cereus

chamaecístus
Zwergzistrose

chamaecyparíssus
Zwergzypresse

chamaedrifólius
gamanderblättrig

chamaedroídes
Gamander ähnlich

chamaedryfólius
gamanderblättrig

chamaedryoídes
Gamander ähnlich

chamáédrys
Zwergeiche

chamaeíris
Zwergschwertlilie

chamaejásme
Zwergjasmin

chamaemelifólius
mit Blättern wie
Chamaemelum

chamaeméspilus
Zwergmispel

chamaemóly
nach einem antiken
Pflanzennamen

chamáémorus
Zwergmaulbeere

chamaepéúce
griechischer
Pflanzenname

chamáépitys
griechischer
Pflanzenname

chaméleon
Chamäleon, die Farbe
wechselnd

chameúnus
auf dem Boden liegend

chamomílla
lateinischer
Pflanzenname: Kamille

champáca
malayischer
Pflanzenname (Michelia)

champlainénsis
von Lake Champlain
(USA)

chantaburiénsis
Chantaburi- (Thailand)

chapadénsis
Chapada- (Brasilien)

chapalénsis
Chapala- (Mexiko)

chapinénsis
Chapin- (Name von
Eingeborenen in
Guatemala)

chaplásha
nach einem bengalischen
Pflanzennamen

charácias
antiker Pflanzenname: für
Pfähle

charántia
italienischer
Pflanzenname
(Momordica)

charazanénsis
Charzani- (Bolivien)

chariánthus
mit schönen Blüten

charidótes
Anmut ausstrahlende
Pflanze

charítopes
anmutig aussehend

charitostréptus
von umgewandelter
Schönheit

charopóeus
für Schönheit wie
geschaffen

chartáceus
papierartig

chartophýllus
papierblättrig

chasmanthoídes
dem Rhododendron
chasmanthum ähnlich

chasmánthus
offenblütig

chathámicus
von den Chatham-Inseln
(östlich Neuseeland)

chawchiénsis
vom Chawchi-Pass
(Myanmar)

chayuénsis
von Cha-yu (China)

chebúla
arabischer Pflanzenname
(Terminalia): Kabul-

cheilanthifólius
mit Blättern wie
Cheilanthes

cheilánthus
lippenblütig

cheimánthus
im Winter blühend

cheiranthifólius
mit Blättern wie
Cheiranthus

cheiranthoídes
Cheiranthus-ähnlich

cheiránthos
nach einem arabischen
Pflanzennamen

chéíri
arabischer Pflanzenname

cheirifólius
goldlackblättrig

cheiróphorus
handförmig

chejuénsis
Cheju- (Insel südlich
Korea)

chelidónii
Chelidonium-

chelidoniifólius
mit Blättern wie
Chelidonium

chelidonioídes
Chelidonium-ähnlich

chénde
Pflanzenname in Mexiko
(Heliabravoa)

chensiénsis
Chensi- (China)

chequén
nach dem Volksnamen der
Luma-Art in Chile

cherimóla
Pflanzenname in
Mittelamerika (Annona)

cherlerioídes
Cherleria-ähnlich

cherleroídes
Cherleria-ähnlich

chiangshanénsis
von Chiang-shan (China)

chiapénsis
Chiapas- (Mexiko)

chichípe
Pflanzenname in Mexiko
(Polaskia)

chihuahuaénsis
Chihuahua- (Mexiko)

chihuahuénsis
Chihuahua- (Mexiko)

chiisanénsis
von den Chririsan-Bergen
(Korea)

chilénsis
chilenisch

chileténsis
Chilete- (Peru)

chilínus
Chile-

chillanénsis
Chillan- (Chile)

chiloénsis
aus Chiloé (Chile)

chimáéra
groteske Pflanze

chimboracénsis
Chimborazo- (Ecuador)

chína
China-

chinénsis
chinesisch

chingchengénsis
von Ching-cheng (China)

chíno
nach dem Namen einer
Pleioblastus-Art in Japan

chionáéus
Schnee-

chionánthus
mit schneeweißen Blüten

chionocéphalus
schneeköpfig

chionóphilus
Schnee liebend

chionophýllus
mit schneeweißen
Blättern

chiotílla
Name der Früchte von
Kakteen in Mexiko

chiquitánus
Chiquitos- (Bolivien)

chiráta
Pflanzenname in Indien
(Swertia)

chiriquénsis
Chiriqui- (Panama)

chirónium
nach dem Zentaur
Cheiron benannt

chisoénsis
Chisos- (Texas)

chítria
hindustanischer
Pflanzenname (Berberis)

chíus
von Chios (griechische
Insel)

chlanidótus
mit feinem Gewand

chloódes
grüngelb

chloracánthus
mit grünen Dornen

chlorándrus
mit gelbgrünen
Staubblättern

chloránthus
grün blühend

chloráster
grüner Stern

chlorifólius
mit gelbgrünen Blättern

chlorocárpus
mit gelbgrünen Früchten

chlorocéphalus
mit grünem Kopf

chlorochílos
mit grüner Lippe

chlorochílus
mit grüner Lippe

chlorogónus
mit grünen Kanten

chloroídes
Chlora-ähnlich
(Gentianaceae)

chloroléúcus
grünlich weiß

chloromélas,
chloromeláina,
chl",omélan
grün und schwarz

chloropétalus
mit grünen Kronblättern

chlorophánus
grün scheinend

chlorophýllus
mit gelbgrünen Blättern

chlórops
grünes Auge

chlorosárcus
mit grünem Fleisch

chloróstachys
mit grüner Ähre

chlorostíctus
grün punktiert

chloróticus
bleich, blassgrün

chloróxylon
grünes Holz

chlorozónus
grün zoniert

choconiánus
vom Rio Chocon
(Guatemala)

chólla
Pflanzenname in Mexiko

chondrillifólius
mit Blättern wie
Chondrilla

chondrilloídes
Chondrilla-ähnlich

chontalénsis
Chontales- (Nicaragua)

chordorrhízus
mit saitenartigen Wurzeln

choristamíneus
mit freien Staubblättern

chorizemifólius
mit Blättern wie
Chorizema

chorrillosénsis
Chorrillos- (Argentinien)

choruhénsis
aus dem Çoruh-Tal
(nordöstliche Türkei)

chosicénsis
Chosica- (Peru)

chroosépalus
mit farbigem Kelch

chrysacánthion
goldgelber kleiner Dorn

chrysacánthus
mit goldgelben Dornen

chrysándrus
mit goldgelben
Staubblättern

chrysanthemifólius
mit Blättern wie
Chrysanthemum

chrysanthemoídes
Chrysanthemum-ähnlich

chrysánthus
goldgelb blühend

chrýseus
golden

chrysobelónicus
Chrysobeloni- (West-
Griechenland)

chrysocárdius
mit goldenen Herzen
(Staubfäden)

chrysocárpus
mit goldgelben Früchten

chrysocéphalus
mit goldgelben Köpfen

chrysochéte
goldborstig

chrysócomus
mit Goldhaar

chrysocráspedus
golden gesäumt

chrysógonum
nach einem griechischen
Pflanzennamen

chrysógraphes
mit goldgelber Zeichnung

chrysólepis
goldschuppig

chrysoléúcus
gelbweiß

chrysomállus
mit goldgelbem Fell

chrysophýllus
mit goldgelben Blättern

chrýsops
mit gelbem Auge

chrysopsídis
Chrysopsis- (Compositae)

chrysosplenifólius
mit Blättern wie
Chrysosplenium

chrysospleniifólius
mit Blättern wie
Chrysosplenium

chrysóstachys
mit goldgelben Ähren

49

chrysóstomus
mit goldenem Schlund

chrysotóxus
Goldbogen-

chrysótrichus
goldhaarig

chubuténsis
vom Rio Chubut
(Argentinien)

chungénsis
Chung- (Yunnan, China)

chungléntus
aus Primula chungii und
Primula pulverulenta
entstanden

chuquisacánus
Chuquisaca- (Bolivien)

churinénsis
Churin-Tal- (Peru)

cícer
lateinischer
Pflanzenname:
Kichererbse

cícera
lateinisch: Platterbse

cichoriifólius
mit Blättern wie
Cichorium

cíclus
sizilianisch

cicónius
langschnäbelig

cicutárius
wasserschierlingsartig

cicutifólius
mit Blätter wie Cicuta

**cigaréttifer,
cigarettífera,
cigarettíferum**
Zigaretten tragend

cilianénsis
Ciliani- (Piemont, Italien)

ciliáris
bewimpert

ciliatodentátus
mit gewimperten Zähnen

ciliátus
bewimpert

cilícicus
Kilikien- (Türkei)

cilícius
Kilikien- (Türkei)

ciliícalyx
mit gewimpertem Kelch

ciliocárpus
mit gewimperter Frucht

ciliodentátus
gewimpert gezähnt

cilioláris
fein bewimpert

ciliolátus
fein bewimpert

ciliospinósus
mit bewimperten Dornen

ciliósus
bewimpert

cimiciodórus
nach Wanzen riechend

cína
italienischer Name der
Droge einer Artemisia-Art

cincinnátus
gekräuselt

cinerária
Aschenpflanze

cinerariifólius
mit Blättern wie Cineraria

cineráscens
grau werdend

cinéreus
aschgrau

cinícola
Aschenbewohner

cinnábari
antike Bezeichnung für
Drachenblut

cinnabárinus
zinnoberrot

cinnamómeus
zimtbraun

cinnamomifólius
zimtblättrig

cintiénsis
Cinti- (Bolivien)

cipoénsis
Cipó- (Brasilien)

circássicus
Tscherkessen- (Nordwest-
Kaukasus)

circinális
kreisförmig eingerollt

circinátus
kreisförmig eingerollt

circinnatoídes
der Tillandsia circinnata
ähnlich

circinnátus
kreisförmig eingerollt

circumpílis
ringsum behaart

circumserrátus
ringsum gesägt

cirrhátus
mit Ranken

**círrhifer, cirrhífera,
cirrhíferum**
Ranken tragend

cirrhifólius
rankenblättrig

cirrhósus
mit Ranken

cisalpínus
diesseits der Alpen

cisplatínus
diesseits des La Plata

cissifólius
mit Blättern wie Cissus

cistáceus
Cistus-artig

cistiflórus
zistrosenblütig

citrátus
zitronenartig

cítreus
zitronengelb

citricárpus
mit zitronenartigen
Früchten

citrifólius
zitronenblättrig

citrifórmis
zitronenförmig

citriniflórus
zitronengelb blühend

cítrinus
zitronengelb

citriodórus
nach Zitronen duftend

citrioídes
zitronenartig

citroídes
zitronenartig

citrósmus
nach Zitronen duftend

citrullifólius
mit Blättern wie Citrullus

citrulloídes
Wassermelonen-ähnlich

citrúllus
Wassermelone

cladócalyx
mit Zweig-ähnlichem
Kelch

clandestínus
verborgen

clandonénsis
Clandon- (England)

clárus
strahlend, hell

clathrátus
mit Gitter

cláúsus
geschlossen

cláva
Keule

clavarioídes
Keulen-ähnlich

clavátus
keulenförmig

clavellínus
etwas keulig

clavíceps
mit keuligem Kopf

claviculátus
rankend

clavifólius
keulenblättrig

**cláviger, clavígera,
clavígerum**
Keulen tragend

cleistógamus
mit geschlossener Blüte,
kleistogam

clematídeus
waldrebenartig

clematiflórus
mit Blüten wie Clematis

clématis
Ranken-, nach der
Gattung Clematis

clematítis
griechischer
Pflanzenname

clethroídes
Clethra-ähnlich

cliffortioídes
Cliffortia-ähnlich

climaxacánthus
mit Dornen in Stufen

climaxánthus
mit Blüten in Stufen

clinopódius
nach der Gattung
Clinopodium

clinopódium
nach einem griechischen
Pflanzennamen

clipeátus
mit Schild versehen

clivícola
Hügelbewohner

clivórum
Hügel-

closterostígmus
mit spindelförmigem
Griffel

clusianoídes
der Tulipa clusiana
ähnlich

clusiifólius
mit Blättern wie Clusia
(Guttiferae)

clýmenum
nach einem griechischen
Pflanzennamen

51

clypeátus
schildartig

clypeolátus
schildchenartig

cnemidóphorus
Schienen tragend

cneorifólius
mit Blättern wie Cneorum

cneórum
griechischer
Pflanzenname

coahuilénsis
Coahuila- (Mexiko)

coarctátus
gedrungen

cobáéa
nach der Gattung Cobaea

cóca
Name des Kokastrauches
in den Anden

**cóccifer, coccífera,
coccíferum**
Beeren tragend

**cócciger, coccígera,
coccígerum**
Beeren tragend

coccinéllus
scharlachrot

coccíneus
scharlachrot

cocciniflórus
mit Blüten wie (Senecio)
coccineus

coccinioídes
dem Crataegus coccinea
ähnlich

coccinopéplus
mit scharlachrotem
Gewand

cócculus
nach der Gattung
Cocculus

cochabámbae
Cochabamba- (Bolivien)

cochabambénsis
Cochabamba- (Bolivien)

cochabambínus
Cochabamba- (Bolivien)

cóchal
Pflanzenname in Mexiko
(Myrtillocactus)

**cocheníllifer,
cochenillífera,
cochenillíferum**
Schildläuse tragend

cochinchinénsis
von Indochina

cochlearifólius
mit Blättern wie
Cochlearia

cochleariifólius
mit Blättern wie
Cochlearia

cochleáris
löffelartig

cochlearíspathus
mit löffelartiger Scheide

cochleátus
schneckenförmig

cocoídes
Cocos-ähnlich

cocomília
Volksname verschiedener
Pflanzen

coelestínus
himmelblau

coeléstis
himmelblau

cóéli-rósa
Himmelsrose

cóélicus
himmlisch, von
Himmelshöhen

coelógyne
nach der Gattung
Coelogyne

coelonéúrus
mit vertieften Adern

coeruléscens
bläulich, blau werdend

coerúleus
blau

coerúleus-oculátus
mit blauem Auge

coggýgria
nach einem antiken
Pflanzennamen

cognátus
verwandt, ähnlich

cohúne
Pflanzenname in
Mittelamerika (Orbignya)

coimasénsis
von Las Coimas (Provinz
Aconcagua, Chile)

colchiciflórus
mit Blüten wie Colchicum

cólchicus
Schwarzmeer-

coleoídes
Coleus-ähnlich

coleospérmus
mit umhülltem Samen
(Arillus)

coliménsis
Colima- (Mexiko)

collétus
zusammengeklebt

collínus
Hügel-

colobódes
verstümmelt

colocasiifólius
mit Blättern wie
Colocasia

colocýnthis
antiker Pflanzenname:
Koloquinthe

colombiánus
Kolumbien-

colónum
Bauern-

coloradénsis
Colorado- (USA)

coloradoénsis
Colorado- (USA)

cólorans
färbend

colorátus
farbig

colóreus
farbig

colosséus
riesig

colóssus
Riese, Koloss

colubrínus
Schlangen-

colúmba
Taube

columbária
lateinischer
Pflanzenname: taubenblau
blühend

columbáriae
der Scabiosa columbaria
ähnlich

columbiánus
1. Clematis, Crataegus,
Cypripedium, Ledum,
Lewisia, Lilium, Linum,
Lomatium, Rhododen-
dron: aus Britisch Kolum-
bien; 2. Mammillaria,
Peperomia, Ronnbergia:
aus Kolumbien

columbínus
Tauben-

columélla
Pfeiler, kleine Säule

columelláris
pfeilerartig

colúmna-álba
weiße Säule

columnáris
säulenartig

**colúmnifer, columnífera,
columníferum**
Säulen tragend

colurnoídes
der Corylus colurna
ähnlich

colúrnus
Haselnuss-

cóma-áúrea
Goldschopf

comacéphalus
mit Haarschopf

cómans
schopfig

comarapanénsis
Comarapa- (Bolivien)

comarapánus
Comarapa- (Bolivien)

comarapénsis
Comarapa- (Bolivien)

comátus
mit Schopf

commíxtus
vermischt

cómmodus
gefällig

commúnis
gewöhnlich

commútans
veränderlich

commutátus
verändert

comósus
schopfig

compáctus
dicht, kompakt

complanátus
verflacht

compléxus
verschlungen

complicátus
zusammengefaltet

compósitus
zusammengesetzt

compréssus
zusammengedrückt

cómptus
geschmückt

conaconénsis
Cona-Cona- (Bolivien)

concávus
vertieft, ausgehöhlt

concéntricus
konzentrisch, mit Kreisen
um einen gemeinsamen
Mittelpunkt

concepcionénsis
Concepcion- (Paraguay)

conchifólius
muschelblättrig

conchólobus
mit muschelförmigen
Lappen (Blüten)

concínnus
angenehm

cóncolor
einfarbig

concucullátus
Zungenblüten zu einer
Haube verwachsen

condensátus
gedrängt, dicht

conditívus
zum Einlegen bestimmt

condorénsis
Condor- (Bolivien)

confertiflórus
mit dicht gedrängten
Blüten

confértus
dicht gedrängt

cónfluens
zusammenfließend

confúsus
verkannt

congénsis
Kongo-

congestiflórus
gedrängtblütig

congéstus
gehäuft, gedrängt

conglobátus
zusammengeballt

conglomerátus
geknäuelt

congolénsis
Kongo-

congregátus
zusammengeschart

cónicus
konisch, kegelförmig

**cónifer, conífera,
coníferum**
Zapfen tragend

coniflórus
zapfenblütig

conioídes
Conium-ähnlich

conjugátus
verbunden, gepaart

conjúnctus
verbunden

connátus
verwachsen

connéctilis
verbunden

connívens
sich zueinander neigend,
geschlossen

conoídeus
kegelartig

cónomon
japan. Name einer
Unterart der Melone

conópeus
fliegenartig

conophalloídes
Conophallus-ähnlich
(Araceae)

conóphorus
Kegel tragend

conópseus
fliegenartig

conorhízus
mit kegeligen Wurzeln

conothamnoídes
Conothamnus-ähnlich

conothélos
mit kegeligen Warzen

conringioídes
Conringia-ähnlich

consanguíneus
verschwistert

consólida
lateinischer Pflanzenname

conspérsus
bestreut

conspícuus
ansehnlich

constantinopolitánus
Istanbul- (Türkei)

constríctus
zusammengeschnürt

contaminátus
befleckt

contíguus
sich berührend
(Teilblütenstände)

continentális
Festlands-

contórtus
gewunden

contrajérva
Gegenkraut, Gegengift

controvérsus
umstritten

54

convallariodórus
nach Maiglöckchen
riechend

convallarioídes
Maiglöckchen-ähnlich

convállium
der Talkessel

convérgens
sich annähernd

convéxus
gewölbt, konvex

convolútus
zusammengerollt

convolvuláceus
windenartig

convolvulifólius
mit Blättern wie
Convolvulus

convolvuloídes
Winden-ähnlich

convólvulus
Winde

conýzae
Conyza-

conyzifólius
mit Blättern wie Conyza

conyzoídes
Conyza-ähnlich

**copállifer, copallífera,
copallíferum**
Kopal liefernd

copallínus
Kopal-

copanénsis
Copán- (Honduras)

cophocárpus
mit stumpfer Frucht

copiapoídes
Copiapoa-ähnlich

copiósus
reichlich, stark verästelt

cópticus
koptisch

coptonogónus
mit eingeschnittenen
Kanten

coquimbánus
Coquimbo- (Chile)

coquimbénsis
Coquimbo- (Chile)

córacan
Pflanzenname in Sri
Lanka (Eleusine)

coraeénsis
Korea-

corállinus
korallenrot

corallioídes
Korallen-ähnlich

corallodéndron
Korallenbaum

coralloídes
Korallen-ähnlich

corbariénsis
Corbières- (Frankreich)

córbula
Körbchen

corchorifólius
mit Blättern wie
Corchorus

corcovadénsis
Corcovado- (Rio de
Janeiro)

corcyrénsis
Korfu- (Griechenland)

cordátus
herzförmig

cordifólius
herzblättrig

cordifórmis
herzförmig

**córdiger, cordígera,
cordígerum**
herzförmig

cordobénsis
Cordoba- (Argentinien)

cordubénsis
Cordoba- (Spanien)

coreanomontánus
der koreanischen Berge

coreánus
Korea-

coriáceus
lederartig

coriaceifólius
mit Blättern wie Acer
coriaceum

coriandrifólius
korianderblättrig

coriária
lateinischer
Pflanzenname:
Gerberstrauch

coridifólius
mit Blättern wie Coris

corifólius
lederblättrig

coriifólius
lederblättrig

corióphorus
Wanzen tragend

coriophýllus
mit lederigen Blättern

coriostáchyus
mit lederiger Ähre

córis
griechischer
Pflanzenname
(Hypericum)

corniculátus
mit kleinen Hörnern

córnifer, cornífera,
corníferum
Horn tragend

cornifólius
mit Blättern wie Cornus

córniger, cornígera,
cornígerum
Horn tragend

cornígerus
Horn tragend

córnu-cérvi
Hirschgeweih-

cornucópiae
Füllhorn-

cornútus
gehörnt

corollátus
blumenkronartig

coromandélicus
Coromandelküste-
(Indien)

coróna-sáncti-stepháni
Krone des heiligen
Stephan

coronális
mit Krone (Zweige
umgeben die Halme)

corónans
krönend

coronária
bei Lychnis: nach der
Gattung Coronaria

coronárius
kronenartig

coronátus
gekrönt

coronopifólius
mit Blättern wie
Coronopus (Cruciferae)

corónopus
nach einem griechischen
Pflanzennamen,
Krähenfuß

corrugátus
runzelig

corsicánus
Korsika-

córsicus
korsisch, Korsika-

corticósus
mit dicker Rinde

cortusifólius
mit Blättern wie Cortusa

cortusoídes
Cortusa-ähnlich

corúscans
blitzend

corúscus
blitzend

corydalifólius
mit Blättern wie
Corydalis

corylifólius
haselnussblättrig

corýmbifer,
corymbífera,
corymbíferum
Doldentrauben tragend

corymbiflórus
mit Blüten in
Doldentrauben

corymbósus
doldentraubig

corymbulósus
mit kleinen
Doldentrauben

córyne
Keule

corynódes
keulenartig

corypháéus
führend, groß

cosmétus
geschmückt

costaricánus
aus Costa Rica

costaricénsis
aus Costa Rica

costátus
gerippt

costulátus
fein gerippt

cóstus
nach der Gattung Costus

cóta
italienischer
Pflanzenname (Anthemis)

cotinifólius
mit Blättern wie Cotinus

cotinoídes
Cotinus-ähnlich

cótinus
antiker Pflanzenname

cotoneáster
Zwergmispel

cótula
nach der Gattung Cotula

cotylédon
Becher

cotyledónis
Cotyledon-

cóum
neuzeitlicher lateinischer
Pflanzenname (Cyclamen)

cóurbaril
wahrscheinlich
Pflanzenname in
Westindien (Hymenaea)

cóus
Kos- (griechische Insel)

coztomátl
Volksname der Physalis-
Art in Mexiko

crácca
lateinischer Pflanzenname

craniolária
Vogelkopf

crassiarbóreus
mit dickem Stamm

crassicáúlis
dickstängelig

crassiflórus
mit dicken Blüten

crassifólius
dickblättrig

crassigíbbus
mit dicken Höckern

crassihamátus
mit dicken Haken

crassimammíllis
mit dicken Brustwarzen

crassinérvius
dicknervig

crassiníveus
dicht schneeweiß

crassinódis
mit dicken Knoten

crássior, crássius
dicker

crássipes
dickstielig

crassirhizómus
mit dickem Wurzelstock

crassirostrátus
mit dicken Schnäbeln

crassispinoídes
dem Astrophytum
crassispinum ähnlich

crassispínus
mit dicken Stacheln

crassíssimus
sehr dick

crassistípulus
mit dicken Nebenblättern

crássulus
ziemlich dick

crássus
dick

crataegifólius
weißdornblättrig

crataegoídes
Weißdorn-ähnlich

craterioídes
Becher-ähnlich

créber, crébra, crébrum
gedrängt

crebreflórus
mit gedrängten Blüten

cremastógyne
mit hängenden Griffeln

cremástus
hängend

cremnástes
Bewohner von
Steilhängen

cremnóphilos
Abhänge liebend

cremnóphilus
Abhänge liebend

crenatiflórus
mit gekerbten Blüten

crenatoserrátus
gekerbt-gesägt

crenátus
gekerbt

crenifólius
mit gekerbten Blättern

crenulátus
fein gekerbt

crenuláto-serrátus
gekerbt-gesägt

crepidátus
mit Sandalen versehen

crepidifólius
mit Blättern wie Crepis

crépitans
knallend

creténsis
Kreta-

créticus
Kreta-

cribrátus
durchsiebt

**crínifer, crinífera,
criníferum**
Haare tragend

criniflórus
mit Blüten wie Crinum

**críniger, crinígera,
crinígerum**
Haare tragend

crinítus
langhaarig

crínum-úrsi
Bärenhaar (nicht
Bärenlilie)

57

crispátulus
etwas gekräuselt

crispátus
gekräuselt

crispiflórus
krausblütig

crispifólius
mit krausen Blättern

crispilábius
lappig-kraus

crispilínguus
mit krauser Lippe

crispimarginátus
mit krausem Rand

crispisétus
mit gekräuselten Borsten

crispolanátus
kraushaarig

críspulus
fein gekräuselt

críspus
kraus

crísta-gálli
Hahnenkamm

cristátus
kammförmig

crithmifólius
mit Blättern wie
Crithmum

croáticus
kroatisch (Jugoslawien)

crocátus
krokusfarben

cróceus
gelb

crocidátus
flockig

crociflórus
Crocus-blütig

crocifólius
Crocus-blättrig

crocophýllus
Crocus-blättrig

crocosmiiflórus
mit Blüten wie Crocosmia

crocothýrsos
mit gelbem Strauß

crotonoídes
Croton-ähnlich

cruciáta
bei Gentiana:
neuzeitlicher lateinischer
Pflanzenname

cruciátus
gekreuzt, kreuzförmig

crucifórmis
kreuzförmig

**crúciger, crucígera,
crucígerum**
Kreuz tragend

crúcis
Kreuz-

cruéntus
blutrot

crumenátus
Geldbeutel-

**crúriger, crurígera,
crurígerum**
Dorn bildend

crús-córvi
Krähen-Fuß

crús-gálli
Hahnensporn

crús-pavónis
Pfauensporn

crustátus
krustenartig

cryptándrus
mit versteckten
Staubblättern

cryptánthus
mit versteckten Blüten

cryptomerioídes
Cryptomeria-ähnlich

cryptópodus
mit verstecktem Fuß, mit
versteckten Stielen

cryptospinósus
mit versteckten Stacheln

crystállinus
kristallartig, kristallklar

crystallóphilus
Kristall liebend (Quarz)

cubéba
arabischer Name für
Pfefferbaum

cubénsis
kubanisch

cucúbalus
lateinischer Pflanzenname

cucullária
lateinischer Pflanzenname

cucullátus
kapuzenförmig

**cucúllifer, cucullífera,
cucullíferum**
Kapuzen tragend

**cucúllifer, cucullífera,
cucullíferum**
kapuzentragend

cucumerifólius
gurkenblättrig

cucumerínus
gurkenartig

cucumeroídes
Gurken-ähnlich

cucúmis
nach der Gattung
Cucumis

cujéte
Pflanzenname in Brasilien
(Crescentia)

cúlcita
Kissen

culináris
Küchen-

culpinénsis
Culpina- (Bolivien)

cultórum
der Züchter

cultrátus
messerartig

cultrifórmis
messerförmig

cúltus
angebaut

cumbalénsis
vom Berg Cumbal
(Ecuador)

cumberlandénsis
Cumberland- (Kentucky, USA)

cumíni
Kümmel-

cuminoídes
Cuminum-ähnlich

cumulícola
Hügelbewohner

cunapiruénsis
von Arroio de Cunapiru
(Uruguay)

cundurángo
Pflanzenname in Peru
(Marsdenia)

cuneátus
keilförmig

cuneifólius
mit keilförmigen Blättern

cuneifórmis
keilförmig

cunónia
nach der Gattung Cunonia
(Iridaceae)

cupána
Pflanzenname in
Venezuela (Paullinia)

cupreátus
kupferfarben

cupressifórmis
zypressenförmig

cupréssinus
zypressenartig

cupressoídes
Zypressen-ähnlich

cúpreus
kupferfarben

cuprínus
kupferfarben

cupuláris
becherartig

cupúlifer, cupulífera, cupulíferum
Becher tragend

curassávicus
Curacao- (Westindien)

cúrcas
Pflanzenname
unbekannter Herkunft
(Jatropha)

currundayénsis
von Cerro Currunday
(Peru)

curtinénsis
Curtina- (Tacuarembo, Uruguay)

curtipéndulus
kurz herabhängend

curtíspathus
mit kurzer Scheide

cúrtus
verkürzt, niedrig

curvátus
gekrümmt

curvibracteátus
mit gebogenen
Deckblättern

curviflórus
mit gebogenen Blüten

curvifólius
mit gebogenen Blättern

curvílobus
mit gebogenen Lappen

curvirámus
mit gebogenen Zweigen

curviscápus
mit gebogenem Stängel

curvisépalus
mit gebogenen
Kelchblättern

curvispínus
mit gebogenen Dornen

curvistýlus
mit gebogenem Griffel

curvospínus
mit gebogenen Stacheln

cúrvulus
schwach gekrümmt

cuscutifórmis
Cuscuta-ähnlich

cúsia
Volksname in Indien
(Strobilanthes)

cuspidátus
stachelspitzig

cuspidifólius
mit spitzigen Blättern

cuzcoénsis
Cuzco- (Peru)

cyanánthus
blaublütig

cyanáster
blauer Stern

cyanéscens
blau werdend

cyáneus
dunkelblau

cyanocárpus
mit blauen Früchten

cyanocrócus
dunkelblauer Krokus

cyanoídes
Kornblumen-ähnlich

cyanophýllus
blaublättrig

cýanus
antiker Pflanzenname:
Kornblume

cyathifórmis
becherförmig

cyathistípulus
mit becherförmigen
Nebenblättern

cyathóphorus
Becher tragend

cycadifólius
mit Blättern wie Cycas

cycadínus
Palmfarn-

cyclamíneus
Cyclamen-artig

cycláminus
Cyclamen-artig

cýclius
kreisförmig

cyclocárpus
mit runden Früchten

cyclódes
kreisrund

cycloglóssus
mit runder Zunge

cyclophýllus
rundblättrig

cýclops
Zyklopenauge-

cycloséctus
kreisförmig geschnitten

cyclosórus
mit runden
Sporenhäufchen

cydoniifólius
quittenblättrig

cylindráceus
walzenförmig

cylindrátus
walzenförmig

cylíndricus
walzenförmig

cylindrifólius
mit walzenförmigen
Blättern

cylléneus
Kyllene- (Griechenland)

cymbalárius
mit beckenförmigen
Blättern

cymbiflórus
mit beckenförmigen
Blüten

cymbifórmis
gefäßartig

cymínum
antiker Pflanzenname

cymochílus
mit gewelltem Rand

cymósus
trugdoldig

cynánchicus
Cynanchum-ähnlich

cynápium
Hundspetersilie

cynaroídes
Cynara-ähnlich

cynocrámbe
antiker Pflanzenname

cýnops
griechischer
Pflanzenname

cynosbáti
griechischer
Pflanzenname:
Hundsbrombeere

cynosuroídes
Kammgras-ähnlich

cyparíssias
griechischer
Pflanzenname:
zypressenartig

cypérinus
Cyperus-artig

cyperoídes
Cyperus-ähnlich

cypriánus
Zypern-

cýprius
Zypern-

cyrenáicus
Cyrenaika- (Libyen)

cyrtanthiflórus
mit Blüten wie Cyrtanthus

cyrtobótryus
mit krummen Trauben

cythéreus
Tahiti-

cytisoídes
Cytisus-ähnlich

d

dacrydioídes
Dacrydium-ähnlich

dactýlifer, dactylífera, dactylíferum
Datteln tragend

dactylifólius
mit fingerförmig gelappten Blättern

dactyloídes
Dactylis-ähnlich

dáctylon
antiker Pflanzenname: Finger

daedáleus
bunt, kunstvoll

dagánus
vermutlich nach Dagh, also Berg-

daghestánicus
Daghestan- (Kaukasus)

daguénsis
Dagua- (Kolumbien)

dahlioídes
Dahlien-ähnlich

dahúricus
dahurisch (Sibirien)

dáimio
japanisch: Adliger

daimonóceras
mit Teufelshörnern

dalecárlicus
aus Dalekarlien (Schweden)

dalmáticus
dalmatinisch, Dalmatien-

damascénus
Damaskus- (Syrien)

damasónium
nach einem griechischen Pflanzennamen

dámmara
nach einem malayischen Baumnamen (Agathis)

dánicus
dänisch

danthóniae
Danthonia- (Gramineae)

danubiális
Donau-

daonénsis
vom Val Daone (Südalpen)

daphnéola
kleiner Seidelbast

daphniphylloídes
Daphniphyllum-ähnlich

daphnoídes
Seidelbast-ähnlich

dareoídes
Darea-ähnlich

dariálicus
Darial- (Terek-Tal, Kaukasus)

darleyénsis
von Darley Dale (Derbyshire, England)

dasyacánthus
raudornig

dasyándrus
mit rauen Staubblättern

dasyánthus
raublütig

dasýcalyx
mit rauem Kelch

dasycárpus
raufrüchtig

dasýclados
mit rauen Zweigen

dasýcladus
mit rauen Zweigen

dasyliriifólius
mit Blättern wie
Dasylirion

dasylirioídes
Dasylirion-ähnlich

dasypétalus
mit rauen Kronblättern

dasyphýllus
raublättrig

dasýpogon
mit rauem Bart

dasystémon
mit behaarten
Staubblättern

dasystýlis
mit behaarter Griffelsäule

dasýstylus
mit behaartem Griffel

daucifólius
möhrenblättrig

daucoídes
Möhren-ähnlich

daúricus
dahurisch (Sibirien)

davallioídes
Davallia-ähnlich

davúricus
dahurisch (Sibirien)

dealbátus
weiß bestäubt

débilis
schwach

decándrus
mit 10 Staubblättern

decapétalus
mit 10 Kronblättern

decaphýllus
mit 10 Blättchen

decémfidus
zehnspaltig

decéptor
Betrüger

decéptrix
Betrügerin

decéptus
täuschend

decíduus
hinfällig, früh abfallend

decípiens
täuschend

declinátus
gebeugt

decólorans
sich entfärbend

decompósitus
doppelt zusammengesetzt

decorátus
geschmückt

decórticans
Rinde abwerfend

decórus
schön, stattlich

decumánus
sehr groß

decúmbens
niederliegend

decúrrens
herablaufend

decurrentialátus
herablaufend geflügelt

decursivepinnátus
herablaufend gefiedert

decursívus
herablaufend

decussátus
kreuzweise gegenständig

defíciens
fehlend (ohne
Zentraldorn)

deflexícalyx
mit zurückgebogenem
Kelch

defléxus
zurückgeschlagen

deflorátus
mit wenigen
Blütenköpfen

defórmis
missgestaltet

dejéctus
niedergebeugt

delagoénsis
von der Delagoa-Bucht
(Mosambik)

delegaténsis
Delegate- (Australien)

delicatíssimus
sehr wohlschmeckend,
sehr fein

delicátulus
ziemlich zart,
wohlschmeckend

delicátus
zart

deliciósus
köstlich

délphicus
vom Berg Delphi (Euböa, Griechenland)

delphinánthus
mit Blüten wie Delphinium

delphinénsis
Dauphiné- (Frankreich)

delphiniifólius
mit Blättern wie Delphinium

deltoídes
deltaförmig

deltoídeus
deltaförmig

deltoidófrons
mit deltaförmigen Wedeln

demérsus
untergetaucht

deminútus
verkleinert, klein

demíssus
niedrig, herabhängend

demótus
versetzt (von einer Art zur andern)

dendrícola
Baumbewohner, Epiphyt

dendríticus
verzweigt

dendritríchus
mit bäumchenförmigen Haaren

dendrócharis
Zierde des Baums, Epiphyt

dendroídes
Baum-ähnlich

dendroídeus
Baum-ähnlich

dendrólogi
nach dem Dendrologen E. H. Wilson

dendróphilus
Bäume liebend

déns-cánis
Hundszahn

densiaculeátus
dicht bestachelt

densiflórus
dichtblütig

densifólius
dicht beblättert

densilanátus
dicht wollig

densisétus
dicht borstig

densispínus
dicht dornig

dénsus
dicht

dentátus
gezähnt

denticulátus
fein gezähnt

**denticúlifer,
denticulífera,
denticulíferum**
Zähnchen tragend

**déntifer, dentífera,
dentíferum**
Zähne tragend

dentifórmis
zahnförmig

denudátus
nackt

deodára
nach einem Pflanzennamen in Indien: Götterbaum

deórum
der Götter

depauperátus
verarmt

depéndens
herabhängend

dépilis, dépilis, dépile
haarlos

depréssus
niedergedrückt

dereménsis
Derema- (Tansania)

derusténsis
von De Rust (Südafrika)

desérti
Wüsten-

desérti-syríaci
der Syrischen Wüste

desertícola
Wüstenbewohner

desertórum
Wüsten-

desmoncoídes
Desmoncus-ähnlich

desmondénsis
Desmond- (Australien)

desquamátus
unbeschuppt (Blattoberseite)

detónsus
geschoren

deústus
verbrannt, mit dunklem
Fleck

devoniánus
vom Herzog von
Devonshire

devoniénsis
vom Herzog von
Devonshire

dhofarénsis
Dhofar- (Arabien)

diabólicus
Teufels-

diábolus
Teufels-

diacanthoídes
Diacantha-ähnlich

diacánthus
zweistachelig

diacéntrus
mit 2 Mittelstacheln

diadéma
Diadem

diademátus
gekrönt

diaguiténsis
Diaguitas- (Argentinien)

dialystémon
mit freien Staubblättern

diamanténsis
Diamantina- (Brasilien)

diándrus
mit 2 Staubblättern

dianthiflórus
nelkenblütig

dianthifólius
mit Blättern wie Dianthus

dianthoídeus
Nelken-ähnlich

dianthoídes
Nelken-ähnlich

diánthus
zweiblütig

diapensioídes
Diapensia-ähnlich
(Diapensiaceae)

diáphanus
durchscheinend

diáprepes
hervorstechend, prächtig

diástrophis
verdreht

dibótrys
mit 2 Trauben

dicárpus
zweifrüchtig

dicentrifólius
mit Blättern wie Dicentra

dichlamýdeus
mit 2 Hüllen

dichondrifólius
mit Blättern wie
Dichondra

dichotomiflórus
gabelig blühend

dichótomus
gabelig, dichotom

dichroacánthus
mit zweifarbigen Stacheln

dichroánthus
zweifarbig blühend

dichrómus
zweifarbig

dichropéplus
mit zweifarbigem
Gewand

dichrophýllus
mit zweifarbigen Blättern

dichrosépalus
mit zweifarbigen
Kelchblättern

dichróus
zweifarbig

diclínus
getrenntgeschlechtig

dicoccoídes
dem Triticum dicoccon
ähnlich

dicóccos
zweikörnig

dicóccus
zweikörnig

dicranoídes
Dicranum-ähnlich
(Gabelzahnmoos)

dictámnus
Diptam, antiker
Pflanzenname

dictyócladus
mit netzartiger
Verzweigung

dictyophýllus
netzblättrig

didieroídes
Didierea-ähnlich

didístichus
doppelt zweizeilig

didymobótryus
mit doppelter Traube

didymocárpus
mit Zwillings-Frucht

didymoídes
dem Rhododendron
didymum ähnlich

dídymus
Zwillings-

difficilis
schwierig

diffórmis
ungewöhnlich

diffusiflórus
mit ausgebreiteten Blüten

diffúsus
ausgebreitet, zerstreut

diflórus
zweiblütig

digitaliflórus
fingerhutblütig

digitális
Fingerhut

digitaloídes
Digitalis-ähnlich

digitátus
gefingert

digitifórmis
fingerförmig

dígynus
mit 2 Griffeln

digýneus
mit 2 Griffeln

dilatatopetioláris
mit verbreitertem
Blattstiel

dilatátus
verbreitert

dilatílobus
mit verbreiterten Lappen

dilútus
blass

dimidiátus
halbiert

dímitrus
mit doppelter Mütze
(großem Kelch)

dimorphophýllus
mit verschieden
gestalteten Blättern

dimórphus
verschiedengestaltig

dináricus
dinarisch (Jugoslawien)

dinglénsis
Dingle- (Irland)

dióicus
zweihäusig

dioscoreifólius
mit Blättern wie
Dioscorea

diosmifólius
mit Blättern wie Diosma

diosmoídes
Diosma-ähnlich

dipétalus
zweiblättrig

diphýllus
zweiblättrig

diplostephioídes
Diplostephium-ähnlich
(Asteraceae)

diplotríchus
mit zweierlei Haaren

dipsáceus
Dipsacus-artig

dipsacifólius
mit Blättern wie Dipsacus

dipsacoídes
Dipsacus-ähnlich

dipterocárpus
mit zweiflügeligen
Früchten

dípterus
zweiflügelig

dipyrénus
mit 2 Kernen

dírphyus
Dirphys- (Euböa,
Griechenland)

discifórmis
scheibenförmig

discoidális
scheibenartig

discoídeus
scheibenartig

díscolor
verschiedenfarbig

discótis
mit rundlichen Ohren

discrétus
getrennt, unterschieden

disjúnctus
zerrissen

díspar
ungleich

dispérmus
zweisamig

disséctus
fein geschlitzt

dissímilis
ungleichartig

dissitiflórus
lockerblütig

díssitus
zerstreut, locker, gespreizt

distáchius
zweiährig

distáchyos
zweiährig

distáchyus
zweiährig

dístans
abstehend

65

distentifólius
mit entfernten Blättchen

distichánthus
zweizeilig blühend

distichophýllus
zweizeilig beblättert

dístichos
zweizeilig

dístichus
zweizeilig

distillatórius
Tröpfel-

distínctus
verschieden

distýlus
mit 2 Griffeln

diuréticus
Harn treibend

diúrnus
tagsüber blühend

diútinus
langlebig

divaricatiflórus
mit sperrigen Blüten

divaricátus
sperrig

divérgens
auseinanderstrebend

diversícolor
verschiedenfarbig

diversiflórus
verschiedenblütig

diversifólius
verschiedenblättrig

diversílobus
verschiedenlappig

diversipilósus
verschiedenhaarig

díves
reich, fruchtbar

divinórum
Götter-

divísus
geteilt

divulgátus
allgemein verbreitet

divúlsus
getrennt

dixanthocéntron
zwei gelbe Dornen

dóchna
arabischer Pflanzenname
(Sorghum)

dodecándrus
mit 12 Staubblättern

dodecanéúrus
zwölfnervig

dodrantális
spannenlang

dolabrátus
beilförmig

dolabrifórmis
beilförmig, hobelförmig

dolichánthus
mit überlanger Blüte

dolichocéntrus
mit langem Sporn

dolichophýllus
mit lanzenartigen Blättern

dolichostáchyus
mit langer Ähre

dolichostémon
mit langem Staubblatt

doliifórmis
fassförmig

dolomitícola
Dolomitbewohner

dolomíticus
Dolomiten- (Alpen)

dolósus
täuschend

domésticus
Haus-

domeykoénsis
Domeyko- (Atacama,
Chile)

domingénsis
aus Santo Domingo
(Westindien)

dónax
Pfahlrohr

doratóxylon
Lanzenholz

dória
nach einem lateinischen
Pflanzennamen (Senecio)

doronicoídes
Doronicum-ähnlich

dorónicum
Gämswurz

dósua
nach einem nepalesischen
Pflanzennamen

drába
griechischer
Pflanzenname

drabifólius
mit Blättern wie Draba

drabifórmis
Draba-förmig

dráco
Drache

dracocéphalus
drachenköpfig

dracomontánus
Drakensberg- (Südafrika)

66

dracónis
Drachen-

dracóntium
nach der Gattung
Dracontium

dracophýllus
drachenbaumblättrig

dracúnculus
lateinischer
Pflanzenname:
Drachenwurz, Estragon

drakensbergénsis
Drakensberg- (Südafrika)

drepanophýllus
sichelblättrig

drépanum
Sichel

drunénsis
Traun- (Österreich)

drupáceus
steinfruchtartig

dryadifólius
mit Blättern wie Dryas

dryandroídes
Dryandra-ähnlich

dryméía
Wald-

dryóphyllus
eichenblättrig

dryópteris
Eichenfarn

drypídeus
Drypis-artig

dsungáricus
Dsungarei-

duális
doppelt

dúbius
zweifelhaft

dudáim
hebräischer Name einer
Frucht

dulcamára
lateinischer
Pflanzenname: bittersüße
Pflanze

dulcíficus
süß machend

dúlcis
süß

dumális
Hecken-

dumetórum
Hecken-

dumícola
Heckenbewohner

dumósulus
kleinbuschig

dumósus
buschig

dumulósus
kleinbuschig

dunénsis
Dünen-

duofórmis
zweigestaltig

duplicoserrátus
doppelt gesägt

duplosinuátus
mit doppelt gebuchteten
Blättern

duracínus
mit harter Schale

durangénsis
Durango- (Mexiko)

durangícola
Bewohner der Provinz
Durango (Mexiko)

durifólius
hartblättrig

dúrior, dúrius
härter

durispínus
mit harten Dornen

duriúsculus
etwas hart

durobrivénsis
Rochester- (USA)

dúrra
Name eines Hirsegrases
in Indien (Sorghum)

dúrus
hart

dysentéricus
gegen Ruhr

ebenáster
ebenholzartig

ebenenacánthus
schwarzdornig

ebéneus
ebenholzschwarz

ébenum
Ebenholz

eboríspinus
mit Elfenbeindornen

ebracteátus
ohne Deckblätter

ébulus
lateinischer
Pflanzenname:
Zwergholunder

ebúrneus
elfenbeinweiß

écae
nach E. C. Aitchison
(Frau des Botanikers J. E.
T. Aitchison, 1836-1898)

ecalcarátus
spornlos

echídna
Viper

echídne
Viper

echídnus
Schlangen-

echinárius
igelartig

echinátus
igelstachelig

echinoblástus
igelartiger Schopf

echinocárpus
mit igelartigen Früchten

echinoídes
Igel-ähnlich

echinoídeus
Igel-ähnlich

echinosépalus
mit stacheligen
Kelchblättern

echinospérmus
igelsamig

echinósporus
mit igelartigen Sporen

echínus
Seeigel

echioídes
Natternkopf-ähnlich

ecirrhósus
ohne Ranken

eclécteus
erlesen

ecornútus
ohne Horn

éctypus
erhaben

editórum
Hochland

edúlis
essbar

effúsus
ausgebreitet

eflagéllis
ohne Ausläufer

egénus
dürftig

eglantéria
nach einem
mittelalterlichen englisch-
französischen
Pflanzennamen (Rosa)

egmontiánus
vom Mount Egmont
(Neuseeland)

egrégius
auserlesen

eitapénsis
Eitape- (Neuguinea)

eizanénsis
Hieizan- (Berg in Japan)

elaeagnifólius
mit Blättern wie
Elaeagnus

elaeagnoídes
Elaeagnus-ähnlich

eleágnos
antiker Pflanzenname:
Ölweide

elaegrifólius
mit Blättern wie wilde
Oliven

elaphróxylon
mit leicht bedornten
Zweigen

elásticus
elastisch

elatérium
nach einem griechischen
Pflanzennamen

elatíne
nach einem antiken
Pflanzennamen: Tännel

elatínes
antiker Pflanzenname:
Tännel-

elatinoídes
Elatine-ähnlich

elátior, elátius
höher

elátus
hoch

electracánthus
mit bernsteinfarbenen
Dornen

élegans
zierlich, ansehnlich

elegantíssimus
sehr ansehnlich

elegántulus
niedlich

eléngi
Pflanzenname in Indien
(Mimusops)

elephantíceps
mit Elefantenkopf

elephántidens
elfenbeinartig

elephantínus
elfenbeinartig

elephántipes
elefantenfußartig

elephantópus
elefantenfußartig

elephantótis
Elefantenohr

elephántum
Elefanten-

elephántus
Elefant

eleutheropétalus
mit getrennten
Kronblättern

elevátus
erhöht

eliménsis
Elim- (Südafrika)

ellipsoidális
ellipsoidisch

ellípticus
elliptisch

elódes
Sumpf bewohnend

elodeoídes
dem Hypericum elodes
ähnlich

elongátus
verlängert

elutéria
neuzeitlicher
Pflanzenname

elytroídes
dem Schild bei Käfern
ähnlich

emaculátus
ungefleckt

emarginátus
ausgerandet

émblica
Pflanzenname in
Bengalen (Phyllanthus)

emeiénsis
Emei- (China)

emeriflórus
mit Blüten wie Coronilla
emerus

emérsus
über Wasser

émerus
veredelte Pflanze

éminens
hervorragend

emodénsis
Emodus- (Himalaya)

emódi
Emodus- (Himalaya)

empetrifólius
mit Blättern wie
Empetrum

empetrifórmis
Empetrum-artig

encelioídes
Encelia-ähnlich
(Asteraceae)

encholirioídes
Encholirium-ähnlich
(Bromeliaceae)

encliándrus
mit eingeschlossenen
Staubblättern

endívia
antiker Pflanzenname

eneábbus
von Eneabba (West-
Australien)

engadinénsis
Engadin- (Schweiz)

enneacánthus
neundornig

enneaphýllos
neunblättrig

enneaphýllus
neunblättrig

enódes
knotenlos

énoplus
bewaffnet

enórmis
ungeheuer, ungewöhnlich

ensátus
schwertförmig

enséte
abessinischer Name einer
Musa-Art

ensifólius
schwertblättrig

ensifórmis
schwertförmig

epacrídeus
Epacris-ähnlich

ephedroídes
Ephedra-ähnlich

ephémerum
antiker Pflanzenname

ephésius
Ephesus- (Türkei)

ephippiátus
sattelförmig (Blattbasis)

epidéndron
auf Bäumen wachsend

epigéjos
auf dem Land wachsend

epílinum
auf Lein schmarotzend

epipáctis
nach einem antiken
Pflanzennamen

epipsílus
oberseits kahl oder nackt

epiróticus
Epirus- (Griechenland)

episcopális
Bischofsmützen-

epithymoídes
der Cuscuta epithymum
ähnlich

epíthymum
auf Thymian
schmarotzend

epruinósus
unbereift

ecuadorénsis
Ecuador-

**equéster, equéstris,
equéstre**
ritterlich

équi-trojáni
des Trojanischen Pferdes,
Troja-

equisetáceus
schachtelhalmartig

equisetifólius
mit Blättern wie
Equisetum

equisetifórmis
Equisetum-förmig

equisetínus
schachtelhalmartig

équitans
mit reitenden Blättern

eragróstis
nach der Gattung
Eragrostis

eranthioídes
Eranthis-ähnlich

érba-rótta
Name einer Achillea-Art
in Norditalien

erectacánthus
mit aufrechten Stacheln

erectiflórus
mit aufrechten Blüten

erectocéntrus
mit aufrechtem Mitteldorn

erectócladus
mit aufrechten Zweigen

erectocylíndricus
aufrecht walzenförmig

erectohamátus
mit geraden Haken

erectophýllus
mit aufrechten Blättern

eréctus
aufrecht

eremóphilus
Einsamkeit liebend

eremostáchyus
mit einzeln stehenden
Ähren, weit verzweigt

eriacánthus
mit wolligen Dornen

eriándrus
mit wolligen
Staubblättern

erianthérus
mit wolliger Blüte

eriánthus
wollblütig

ericetórum
der Heidegesellschaften

ericiflórus
mit Blüten wie Erica

ericifólius
mit Blättern wie Erica

ericoídes
Erica-ähnlich

erígenus
irisch

erigeroídes
Erigeron-ähnlich

erináceus
igelstachelig

erinoídes
Erinus-ähnlich

erínus
nach der Gattung Erinus

erioblástus
wollig keimend

eriobótryus
mit wolligen Trauben

eriócalyx
mit wolligem Kelch

eriocárpus
mit wolliger Frucht

eriocáúlis
mit wolligem Stängel

eriocéphalus
mit wolligem Kopf

eriógynus
mit wolligem Griffel

eriólobus
mit wolligen Lappen

erióphorus
Wolle tragend

eriophýllus
mit wolligen Blättern

eriópodus
mit wolligem Stiel

eríopus
mit wolligem Stiel

erióspathus
mit wolliger Scheide

eriostáchyus
mit wolligen Ähren

eriostémon
mit wolligen
Staubblättern

eriosyzoídes
Eriosyce-ähnlich

eriótrichus
wollhaarig

erisíthales
antiker Pflanzenname

eritímus
hochgeschätzt

erósus
ausgenagt

erráticus
verirrt

éru
Pflanzenname in Eritraea
(Aloe)

erubéscens
rot werdend

erúca
Raupe, bei Brassica: nach
der Gattung Eruca

erucágo
falsche Eruca

erucifólius
mit Blättern wie Eruca

erucifórmis
raupenförmig

erúmpens
hervorbrechend

ervília
antiker Pflanzenname

ervoídes
Ervum-ähnlich

erythráéa
nach der Gattung
Erythraea

erythráéae
Eritraea-

erythráéus
rötlich

erythrándrus
mit roten Staubblättern

erythránthus
rot blühend

erýthrina
nach der Gattung
Erythrina

erýthrinus
korallenrot

erythrócalix
mit rotem Kelch

erythrócalyx
mit rotem Kelch

erythrocárpus
rotfrüchtig

erythrocéphalus
rotköpfig

erythrocháéte
mit roten Borsten

erythrochlámys
mit roter Hülle

erythrodáctylon
roter Finger

erythroflexuósus
rot und biegsam

erythrógyne
mit rotem Griffel

erythrólepis
rotschuppig

erythronémus
mit roten Fäden

erythronéúrus
mit roten Blattnerven

erythrophýllus
mit roten Blättern

erythrópodus
rotstielig

erýthropus
rotstielig, rotfüßig

erythrorhízos
mit roter Wurzel

erythrorrhízus
mit roter Wurzel

erythrosépalus
mit roten Kelchblättern

erythrosórus
mit roten Sporenhäufchen

erythrospérmus
mit rotem Samen

erythrostémmus
mit rotem Kranz

erythrostíctus
mit roten Flecken

erythrostýlus
mit rotem Griffel

erythroxyloídes
Erythroxylon-ähnlich

escallonioídes
Escallonia-ähnlich

escayachénsis
Escayache- (Bolivien)

esculéntus
essbar

eskía
Name einer Festuca-Art
in den Pyrenäen

esmerálda
nach der Gattung
Esmeralda

esmeráldae
von La Esmeralda
(Venezuela)

esmeraldánus
Esmeralda- (Antofagasta,
Chile)

espádina
Name der Fasern einer
Agave in Mexiko

esperanzaénsis
Esperanza- (Mexiko,
Puebla)

estanzuelénsis
Estanzuela- (Mexiko)

estebanénsis
von San Esteban (Baja
California, Mexiko)

ésula
nach einem
mittelalterlichen
Pflanzennamen:
Wolfsmilch

éthrog
chaldäischer oder arab.
Name dieser Citrus-
Frucht

etrúscus
etrurisch (Toskana,
Italien)

euánthemus
blütenreich

euánthus
schönblütig

eucaliptánus
Eucaliptos- (Bolivien)

eucállus
besonders schön

eucalyptifólius
mit Blättern wie
Eucalyptus

eucalyptoídes
Eucalyptus-ähnlich

eucháites
mit vielen langen Haaren

euchlórus
freudiggrün

euchróus
schön farbig

eudóxus
von gutem Ruf

eugenioídes
Eugenia-ähnlich

eugenoídes
Eugenia-ähnlich

eumarginátus
die echte var. marginatus

eumórphus
schön gestaltet

eupatória
antiker Pflanzenname
(Agrimonia)

eupatórium
nach der Gattung
Eupatorium

euphorbioídes
Euphorbia-ähnlich

euphorioídes
Euphoria-ähnlich

euramericánus
Bastard aus einer
europäischen und einer
amerikanischen Populus-
Art

eurokurilénsis
Bastard aus Larix
europaea und L.
kurilensis

eurolépis
Bastard aus Larix
europaea und L.
leptolepis

europáeus
europäisch

euryopoídes
Euryops-ähnlich

eurysíphon
mit breiter Röhre

eutriphýllus
die echte dreiblättrige
Mahonia-Art

evéctus
aufgetrieben, hoch

evenósus
ohne Adern

exáctus
genau (mit genau gleichen Sägezähnen)

exalátus
ungeflügelt

exaltátus
hochgewachsen

exappendiculátus
ohne Anhängsel

exarátus
gekerbt

exasperátus
rauhaarig

excavátus
ausgehöhlt

excéllens
hervorragend

excélsior, excélsius
höher, erhabener

excélsus
erhaben, hoch

excísus
ausgeschnitten

excorticátus
rindenlos

exíguus
klein, dürftig

exiliflórus
kümmerlich blühend

éxilis
kümmerlich

exímius
ausgezeichnet

exolétus
vergessen

exoniénsis
Exeter- (England)

exorrhízus
mit Wurzeln außerhalb des Erdbodens

exóticus
exotisch

expánsus
ausgedehnt

explanátus
ausgebreitet

explódens
platzend

exquisítus
ausgesucht

exscápus
schaftlos

exsérens
hervorstehend

exsértus
hervorstehend

exstipulátus
ohne Nebenblätter

exsúdans
ausschwitzend

éxsul
heimatlos

exsúrgens
sich aufrichtend

exténsus
ausgedehnt

extremiorientális
weit östlich

éxul
heimatlos

f

fába
antiker Pflanzenname: Bohne, Saubohne

fabáceus
bohnenartig

fabária
lateinischer Pflanzenname: Bohnen-

fabifólius
mit Blättern wie Faba

faeroénsis
von den Faeröer-Inseln (südlich Island)

fagaroídes
Fagara-ähnlich (Rutaceae)

fágifer, fagífera, fagíferum
Bucheckern-ähnliche Früchte tragend

fagifólius
buchenblättrig

fagíneus
buchenartig

fagopýrum
Buchweizen

falcatárius
sichelförmig

falcatiaurítus
sichelförmig geöhrt

falcátulus
sichelförmig und klein

falcátus
sichelförmig

falcifólius
sichelblättrig

falcinéllus
sichelförmig

falcoróstrus
sichelschnäbelig

falklándicus
von den Falkland-Inseln
(Südamerika)

fállax
täuschend, trügerisch

famatiménsis
Famatima- (La Rioja,
Argentinien)

famatinénsis
Famatina- (Argentinien)

fárctus
fest, massiv

fárfara
nach einem lateinischer
Pflanzennamen:
Huflattich

fargesioídes
der Clematis fargesii
ähnlich

farináceus
mehlig bestäubt

**farínifer, farinífera,
fariníferum**
Mehl tragend

farinifólius
mit mehligen Blättern

farinósus
mehlig bestäubt

farnétto
altitalienischer
Pflanzenname (Quercus)

fasciátus
gebändert

fasciculáris
büschelig

fasciculátus
büschelig

fasciculiflórus
büschelig blühend

fascinátor
Zauberer

fasciolátus
gestreift

fastigiátus
mit langen, aufstrebenden
Seitenzweigen

fastuósus
prächtig

fatrénsis
von den Fatra-Bergen
(Tschechien)

fátuus
geschmacklos, fad

fáya
nach dem Voksnamen der
Myrica-Art auf den
Kanaren

febrífugus
Fieber senkend

fecúndus
fruchtbar

féhi
polynesischer Name einer
Musa-Art

fejeénsis
von den Fidschi-Inseln

felínus
Katzen-

felipénsis
von San Felipe (Chile)

fenestrális
fensterartig

fenestrellátus
Fensterchen

fénnicus
finnisch

férax
fruchtbar

ferdinándi-régis
von König Ferdinand

ferganénsis
Fergana- (Usbekistan)

fergánicus
Fergana- (Usbekistan)

férox
stark bewehrt

férreus
eisern

ferrierénsis
vom Chateau de Ferrières
(Frankreich)

ferrugíneus
rostfarben, braunrot

ferruginoídes
der Prumnopitys
ferruginea ähnlich

férrum-equínum
Hufeisen

fértilis
fruchtbar

feruláceus
Ferula-artig

ferulifólius
mit Blättern wie Ferula

festális
festlich

festívus
festlich

festucáceus
Festuca-artig

festucifórmis
Festuca-förmig

festucoídes
Festuca-ähnlich

fibrósus
faserig

fibulifórmis
schnallenförmig

ficária
lateinischer
Pflanzenname: Feigen-

ficariifórmis
Ranunculus-ficaria-artig

ficifólius
feigenblättrig

ficifórmis
feigenförmig

ficksburgénsis
Ficksburg- (Südafrika)

ficoídes
Feigen-ähnlich

ficoídeus
Feigen-ähnlich

fictolácteus
das unechte
Rhododendron lacteum

fícus-índica
indische Feige

fígo
Pflanzenname in
Indochina (Michelia)

fiherenénsis
Fiherenana- (Madagaskar)

fiherénsis
Fiherenana- (Madagaskar)

filadelfiénsis
Filadelfia- (Boqueron,
Paraguay)

filamentósus
fädig

filáris
fadenartig

filicástrum
unechter Farn

filicáúlis
mit fädlichem Stängel

filicifólius
farnblättrig

filicínus
farnartig

filícula
kleiner Farn

filiculoídes
einem kleinen Farn
ähnlich

filíferus
Fäden tragend

filifólius
mit fädlichen Blättern

filifórmis
fadenförmig

filílobus
mit fädlichen Lappen

filipéndula
lateinischer
Pflanzenname: an Fäden
hängend

filipendulínus
Filipendula-artig

fílipes
mit fädlichem Stiel

fílix-fémina
weiblicher Farn (Blätter
feiner zerteilt)

fílix-más
männlicher Farn (Blätter
gröber zerteilt)

fimbriatiflórus
mit gefransten Blüten

fimbriátus
gefranst

fimbrilígulus
mit gefranstem
Blatthäutchen

finistérrae
vom Finisterre-Gebirge
(Neuguinea)

finítimus
benachbart, ähnlich

finnmárchicus
Finnmark- (Norwegen)

fírmipes
mit festem Stängel

fírmus
fest, hart

fissistípulus
mit gespaltenen
Nebenblättern

fissoídes
dem Mesembryanthemum
fissum ähnlich

fissurátus
gespalten, mit Spalten

físsus
gespalten

fístula
Röhre

fistulósus
röhrig

flabelláris
Fächer-ähnlich

flabellátus
fächerartig

flabéllifer, flabellífera, flabellíferum
Fächer tragend

flabellifólius
mit fächerförmigen
Blättchen

flabellifórmis
fächerförmig

flaccidifólius
mit schlaffen Blättern

fláccidus
schlaff

fláccus
schlaff

fladnizénsis
Fladnitz- (Österreich)

flagelláris
peitschenartig

flagéllifer, flagellífera, flagellíferum
Peitschen tragend,
Ausläufer tragend

flagelliflórus
peitschenblütig

flagellifólius
peitschenblättrig

flagellifórmis
peitschenförmig

flagrifórmis
peitschenförmig

flámmeus
feuerrot

flámmula
kleine Flamme

flávens
gelb werdend

flavéscens
gelb werdend

flávicans
gelb werdend

flavicéntrus
mit gelbem Zentrum

flavícomus
mit gelbem Schopf

flavidispínus
mit gelben Stacheln

flávidus
gelblich

flaviflórus
mit gelben Blüten

flavihamátus
mit gelben Haken

flavípilus
mit gelben Haaren

flavirámeus
mit gelben Zweigen

flaviróstris
mit gelbem Schnabel

flavispínus
mit gelben Stacheln

flavíssimus
intensiv gelb

flavistýlus
mit gelbem Griffel

flavopurpuráscens
gelb-purpurn

flavopurpúreus
gelb-purpurn

flavorúfus
gelbrot

flavóvirens
gelbgrün

flavovíridis
gelbgrün

flávus
gelb

flexicáulis
mit gebogenem Stängel

fléxilis
biegsam, gebogen

fléxipes
mit gebogenem Fuß

flexuósus
gebogen

flócciger, floccígera, floccígerum
Flocken tragend

floccivelátus
flockig verschleiert

floccósus
flockig

flocculósus
etwas flockig

florariénsis
aus Floraire (bei Genf)

flóre-minóre
mit kleinerer Blüte

flóre-róseus
mit rosa Blüte

florentínus
Florentiner-

floribúndus
reichblütig

florícomus
mit Blütenschopf

floridánus
Florida- (USA)

florídulus
ziemlich blütenreich

flóridus
blütenreich

flórifer, florífera, floríferum
Blüten tragend

flós-aéris
Blume der Luft

flós-cucúli
Kuckucksblume

flós-jóvis
Jupiterblume

flós-regínae
Blume der Königin

flosculósus
blütenreich

flúctuans
schwankend, variierend

fluggeoídes
Fluggea-ähnlich
(Euphorbiaceae)

flúitans
flutend

fluminénsis
von Rio de Janeiro

flúminis
des Flusses, vom Tana-
Fluss (Kenya)

fluviátilis
Fluss-

foecúndus
fruchtbar

fóémina
weibliche Pflanze

foeniculáceus
fenchelartig

foenículum
Fenchel

fóénum-gráécum
griechisches Heu

fóétens
stinkend

foetidíssimus
stark übelriechend

fóétidus
stinkend

foliáceus
blattartig

foliolósus
blättchenreich

foliosíssimus
sehr blattreich

foliósus
blattreich

folliculáris
schlauchartig

fontánus
Quellen-

fontinális
Quellen-

forficátus
scherenförmig

forisiénsis
vom Forez-Gebirge
(Zentralfrankreich)

formicárum
der Ameisen

formosánus
Taiwan-

formosénsis
Taiwan-

formosíssimus
sehr schön

formósus
schön

fortalezénsis
vom Rio Fortaleza (Peru)

fossulátus
rinnig

fourcroýdes
Fourcroya-ähnlich

foveolátus
mit Grübchen

fragariiflórus
mit Blüten wie Fragaria

fragarioídes
Erdbeer-ähnlich

**frágifer, fragífera,
fragíferum**
Erdbeeren tragend

fragifórmis
erdbeerförmig

frágilis
zerbrechlich

frágrans
duftend

fragrantíssimus
stark duftend

frainétto
nach einem
altfranzösischen
Pflanzennamen (Quercus)

franciscánus
aus San Francisco (USA)

francofurtánus
von Frankfurt a.M.

frángula
neuzeitlicher lateinischer
Pflanzenname: Pflanze
mit brüchigem Holz

franguloídes
Frangula-ähnlich

frángulus
brüchig

fratérnus
brüderlich, verwandt

fraxinélla
kleine Esche

fraxíneus
eschenartig

fraxinifólius
eschenblättrig

fraxinoídes
Eschen-ähnlich

fresnilloénsis
Fresnillo- (Mexiko)

friburgénsis
von Nova Friburgo
(Brasilien)

frigéscens
fröstelnd, Kälte ertragend

frígidus
kalt, aus kalten Gebieten

frondósus
laubig

frúctus-píni
Kiefernzapfen

fructuspínus
Kiefernzapfen-

frumentáceus
Getreide-

frutéscens
halbstrauchig

frutetórum
Gebüsch-

frútex
Strauch

frúticans
strauchig

fruticéti
Gebüsch-

fruticetórum
Gebüsch-

fruticósus
strauchig

fruticulósus
kleinstrauchig

fucátus
geschminkt

fuchsifoliósus
Bastard aus Begonia
foliosa und B. fuchsioides

fuchsiiflórus
mit Blüten wie Fuchsia

fuchsioídes
Fuchsien-ähnlich

fuciflórus
mit Hummel-ähnlichen
Blüten

fúgax
vergänglich

fujisanénsis
Fujiyama- (Japan)

fúlgens
leuchtend

fúlgidus
leuchtend

fuliginósus
rußig

fullónum
der Tuchmacher

fulvéscens
braun werdend

fulvíceps
braunköpfig

fúlvidus
braun

fulvilanátus
braunwollig

fulvisétus
mit braunen Borsten

fulvispínus
mit braunen Dornen

fulvosetulósus
mit kleinen gelbbraunen
Borsten

fúlvus
gelbbraun, gelbrot

fumána
Heideröschen

fumariifólius
erdrauchblättrig

fumarioídes
Erdrauch-ähnlich

fúmidus
rauchfarben

fumósus
angeräuchert

funális
Strick-, Seil-

fúnebris
Trauer-

fungósus
pilzig, schwammig

**fúnifer, funífera,
funíferum**
Schnur tragend

furcátus
gabelförmig

fúrens
wild, berauschend

furfuráceus
kleieartig

fuscátus
bräunlich

fuscéscens
rotbraun werdend

fuscocinéreus
braun-grau

fuscoguttátus
mit braunen Tropfen

fuscohamátus
mit braunen Haken

fuscomaculátus
braun gefleckt

fuscomarginátus
braun berandet

fuscopíctus
braun gefleckt

fuscopunctátus
braun punktiert

fúscus
dunkel, dunkelbraun,
schwärzlich

fúscus-píctus
braun gefleckt

fusiflórus
spindelblütig

fusifórmis
spindelförmig

fuxcánsis
Bastard mit Globularia ×
fuxeensis

g

gabonénsis
Gabun- (Afrika)

gaditánus
Cadiz- (Spanien)

galacifólius
mit Blättern wie Galax

galactínus
milchweiß

galactodéndron
Milchbaum

galánga
Pflanzenname in Indien
(Alpinia)

galáticus
Galatien- (Türkei)

**galbánifer, galbanífera,
galbaníferum**
Harz liefernd

galbanífluus
Harz bildend

gále
englischer Volksname für
eine Myrica-Art

galeándrae
Galeandra-

galeátus
mit Helm

galegifólius
mit Blättern wie Galega

galeóbdolon
antiker Pflanzenname

galeopsifólius
mit Blättern wie
Galeopsis

galericulátus
mit kleinem Helm

galgalánus
Galgalo- (Somalia)

galioídes
Galium-ähnlich

gállicus
gallisch, französisch

galvestonénsis
Galveston- (Texas, USA)

gámbir
malayischer
Pflanzenname (Uncaria)

gamophýllus
verwachsenblättrig

gamosépalus
mit verwachsenen
Kelchblättern

gandavénsis
aus Gent (Belgien)

gangéticus
Ganges-

gánitrus
nach einem malayischen
Pflanzennamen

gargánicus
vom Monte Gargano
(Italien)

garidélla
nach der Gattung
Garidella

gariepénsis
vom Oranje-Fluss
(Südafrika)

gariépinus
vom Oranje-Fluss
(Südafrika)

garrócha
nach dem Namen der
Tecoma-Art in
Argentinien

gasipáes
Pflanzenname in Brasilien
(Bactris)

gaspénsis
von der Gaspé-Halbinsel
(Ostkanada)

gasteránthus
mit bauchigen Blüten

gatbergénsis
Gatberg- (Südafrika)

gaultherioídes
Gaultheria-ähnlich

gélidus
kalt, steif, starr

gembánga
Pflanzenname in
Südostasien (Corypha)

geminátus
doppelt

geminiflórus
zweiblütig

geminílobus
Blüten mit Zwillings-
Lappen

geminispínus
mit doppelten Dornen

gemmátus
mit Knospen

**gémmifer, gemmífera,
gemmíferum**
Knospen tragend

gemmiflórus
mit Edelstein-Blüten

generális
gemein, allgemein

generósus
vortrefflich

genevénsis
aus Genf

geniculátus
gekniet

genípi
nach dem Volksnamen
von Artemisia-Arten in
den Alpen

genistelloídes
Flügelginster-ähnlich

genistifólius
ginsterblättrig

génkwa
chinesischer
Pflanzenname (Daphne)

gentianoídes
Enzian-ähnlich

gentílis
zierlich, nett, edel

genúinus
echt

geocárpus
mit Erdfrucht

geoídes
Nelkenwurz-ähnlich

geometrízans
gleichmäßig, geometrisch

geonomifórmis
Geonoma-artig

georgiánus
Georgia- (USA)

geórgicus
Georgien- (Kaukasus)

geraniifólius
mit Blättern wie
Geranium

geranioídes
Storchschnabel-ähnlich

germánicus
germanisch, deutsch

gerocéphalus
mit Greisenhaupt

gesneriiflórus
mit Blüten wie Gesneria

gesneriifólius
mit Blättern wie Gesneria

géum
lateinischer Pflanzenname

gháéri
Pflanzenname in Indien
(Scirpodendron)

ghesaembílla
Pflanzenname auf Sri
Lanka

gibbérulus
mit kleinen Höckern

gibbiflórus
höckerblütig

gibbósus
höckerig

gibbulósus
mit kleinen Höckern

gíbbus
höckerig

gibraltáricus
Gibraltar-

gifbergénsis
Gifberg- (Kap, Südafrika)

giganténsis
von der Sierra de la
Giganta (Baja California,
Mexiko)

gigantéus
riesig

giganticaerúleus
riesig und blau blühend

gigantifólius
mit riesigen Blättern

gígas
riesig

gileadénsis
Gilead- (Palästina)

gilénsis
von San Gil (Mexiko)

gílo
Volksname der Frucht in
Südamerika

gílvus
fahlgelb

gínnala
Name einer Acer-Art bei
den Tungusen

gínseng
chinesischer Name einer
Panax-Art

giráffae
Giraffen-

githágo
antiker Pflanzenname

glabéllus
kahl

gláber, glábra, glábrum
kahl

glabérrimus
völlig kahl

glabrátus
kahl geworden

glabréscens
kahl werdend

glabrifólius
mit kahlen Blättern

glábrior, glábrius
kahler

glábripes
mit kahlem Fuß

glabripétalus
mit kahlen Kronblättern

glabriúsculus
fast kahl

glaciális
Gletscher-, Eis-

gladiátus
schwertförmig

gladiispínus
mit schwertartigen
Stacheln

**glandúlifer, glandulífera,
glandulíferum**
Drüsen tragend

glanduliflórus
mit drüsigen Blüten

**glandúliger,
glandulígera,
glandulígerum**
Drüsen tragend

glandulosipilósus
drüsig behaart

glandulosíssimus
reichlich Drüsen tragend

glandulósus
drüsig

glareósus
Kies-

glastifólius
waidblättrig

glaucéscens
blau werdend

glaucifólius
mit blaugrünen Blättern

glaucínus
blaugrün

glaucoálbus
blaugrün und weiß

glaucoáúreus
blaugrün und golden

glaucocaerúleus
blaugrün

glaucócalyx
mit blaugrünem Kelch

glaucocárpus
mit blaugrüner Frucht

glaucochróus
blaugrün

glaucoídeus
blaugrün

glaucopéplus
in hellem Gewand

glaucopétalus
mit blaugrünen
Kronblättern

glaucophýllus
blaugrünblättrig

glaucópis
blauäugig, strahlend

glaucópterus
blaugrün geflügelt

glaucoseríceus
blaugrün seidig

glaucovíridis
grün bis blaugrün

gláúcus
blaugrün

glechonophýllus
mit Blättern wie Teucrium
polium

glischrocárpus
mit klebrigen Früchten

glischroídes
der Rhododendron
glischrum ähnlich

81

glíschrus
klebrig

globamphórus
mit kugeliger Kanne

glóbifer, globífera, globíferum
Kugel tragend

glóbiger, globígera, globígerum
kugelige Knospen tragend

globósus
kugelig

globariifólius
mit Blättern wie Globularia

globuláris
kugelartig

globúlifer, globulífera, globulíferum
Pillen tragend

globuligémmus
mit kugeligen Knospen

globulósus
kleinkugelig

glóbulus
Kügelchen, Pille

glochidiátus
widerhakig

gloeoblástus
mit klebrigen Knospen

glomerátus
geknäuelt

glomerisétus
mit gehäuften Borsten

glomerispínus
mit gehäuften Stacheln

glomerulátus
mit kleinen Knäueln

glomeruliflórus
mit gehäuften Blüten

glomúlifer, glomulífera, glomulíferum
Knäuelchen tragend

gloriósus
herrlich

gloxiniiflórus
mit Blüten wie Gloxinia

gloxinioídes
Gloxinia-ähnlich

glumáceus
spelzenartig

glutinósus
klebrig

glycinoídes
Glycine-ähnlich

glycocósmus
süß duftend

glycyphýllos
süßblättrig

glycyrrhízus
mit süßer Wurzel

glyptostroboídes
Glyptostrobus-ähnlich

gnaphalódes
Gnaphalium-ähnlich

gnaphaloídes
Gnaphalium-ähnlich

gneissícola
Gneiss-Bewohner

gnémon
Pflanzenname auf den Molukken (Gnetum)

gnidioídes
dem Daphne gnidium ähnlich

gnídium
antiker Pflanzenname: Knidos- (Türkei)

goegoénsis
Goegoe- (Sumatra)

goesingénsis
Gösingberg- (SSW von Wien)

gomezoídes
Gomesa-ähnlich

gomphocéphalus
nagelköpfig

gomphophýllus
mit nagelförmigen Blättern

gonacánthus
mit gewinkelten Dornen

gongylódes
rundlich, Rüben-ähnlich

goniócalyx
mit kantigem Kelch

goniocárpus
mit kantiger Frucht

gonócladus
mit kantigen Zweigen

góre
Pflanzenname in Westafrika (Ongokea)

gorgánicus
Gorgan- (Iran)

gorgónias
Medusenhaupt-

gorgónis
Medusenhaupt-

goseloídes
Gosela-ähnlich

gossypifólius
mit Blättern wie Gossypium

góthicus
Gotland- (Schweden)

graciléntus
schlank

gracilideineátus
dünn gezeichnet

graciliflórus
mit schlanker Blüte

gracilifólius
mit schmalen Blättern

gracílior, gracílius
schlanker

gracílipes
schlankstielig

gracilirámeus
mit schlanken Zweigen

grácilis
schlank

gracilispínus
mit schlanken Stacheln

gracilístylus
mit schlankem Griffel

gracíllimus
sehr schlank

graecízans
fremde Länder
besiedelnd, sich
ausbreitend

gráecus
griechisch

gramíneus
grasartig

graminícola
Graslandbewohner

graminifólius
grasblättrig

grammopétalus
mit schmalen
Kronblättern

granadénsis
Neugranada-, heute
Kolumbien

granaténsis
Granada- (Spanien)

granátum
nach einem lateinischen
Pflanzennamen: körniger
Apfel

grandialátus
stark geflügelt

grándiceps
großköpfig

grandicórnis
großhörnig

grandicostátus
mit großen Rippen

grándidens
großzähnig

grandidentátus
großzähnig

grandiflórens
groß blühend

grandiflórus
großblütig

grandifolíolus
mit großen Blättchen

grandifólius
großblättrig

grándis
groß

grandiscápus
mit langem Stiel

graniticola
Granitbewohner

graníticus
Granit-

granulátus
mit Knöllchen

granulósus
körnig, Körner-

gratianopolitánus
Grenoble- (Frankreich)

gratioloídes
Gratiola-ähnlich

gratiosíssimus
sehr beliebt

gratíssimus
sehr dankbar

grátus
dankbar, angenehm

gravéolens
stark duftend

gregárius
vergesellschaftet

grengiolénsis
Grengiols- (Wallis,
Schweiz)

greytonénsis
Greyton- (Südafrika)

grignonénsis
Grignon- (Frankreich)

grineénsis
vom Berg Grigna (Comer
See, Italien)

griquénsis
Griqualand- (Südafrika)

griseoargénteus
grau-silberig

griséolus
gräulich, etwas grau

griseopállidus
grau und hell

gríseus
grau

grisoleovíridis
ölbaumgrau und grün

83

griténsis
von La Grita (Kolumbien)

groendrayénsis
von der Farm Groendraai
(Namibia)

groenlándicus
grönländisch

grosseserrátus
grob gesägt

grossulária
nach einem französischen
Pflanzennamen (Ribes)

grossulariifólius
mit Blätter wie
Grossularia

grossularioídes
Stachelbeer-ähnlich

gróssus
dick, groß

gruínus
kranichartig

grýllus
Grille, ungewöhnliche
Pflanze

guabíju
Name einer Eugenia-Art
in Südamerika

guadalajaránus
Guadalajara- (Mexiko)

guadalupénsis
1. Cupressus: Guadalupe-
(Kalifornien); 2.
Escobaria: Guadalupe-
(Texas); 3. Najas:
Guadeloupe- (Antillen)

guadarraménsis
von der Sierra da
Guadarrama (Spanien)

guajáva
Pflanzenname in Amerika
(Psidium)

guára
Pflanzenname in Kuba
(Guarea)

guaraníticus
Guaraní- (Indianer
Südamerikas)

guaricénsis
Guarico- (Venezuela)

guatemalénsis
Guatemala-

guayanénsis
Guyana- (Südamerika)

guayénsis
Guyana- (Südamerika)

guayménsis
Guaymas-
(nordwestliches Mexiko)

guazumifólius
mit Blättern wie Guazuma

guerrerónis
Guerrero- (Mexiko)

guestfálicus
Westfalen-

guestphálicus
Westfalen-

guianénsis
Guyana- (Südamerika)

guidónia
nach der Gattung
Guidonia

guineénsis
Guinea- (Westafrika)

guizhouénsis
Guizhou- (China)

**gúmmifer, gummífera,
gummíferum**
Gummi liefernd

gummósus
gummiartig

gútta
nach dem malayischen
Namen für Gummi
(Guttapercha)

guttátus
betropft, getüpfelt

guttulátus
mit kleinen Tupfen

guyanénsis
Guyana- (Südamerika)

guzmanioídes
Guzmania-ähnlich

gymnamphórus
mit unbehaarter Kanne

gymnándrus
mit unbehaarten
Staubblättern

gymnanthérus
mit unbewimperten
Staubbeuteln

gymnobótryus
mit nackten Trauben

gymnocárpus
nacktfrüchtig

**gymnocáúlos,
gymnocáúlos,
gymnocáúlon**
mit nacktem Stängel

gymnogýnus
mit kahlem Griffel

gýmnopus
mit nacktem Stiel

gymnostýlis
mit nacktem Griffel

gynándrus
zwittrig (Staubblätter und
Fruchtblätter teilweise
verwachsen)

gypsícola
Gipsbewohner, Gips-

gypsophiloídes
Gipskraut-ähnlich

gýrans
sich im Kreise drehend

gyrofléxus
mit im Kreis gebogenen
Blüten

gyrospérmus
mit spiralig gekrümmten
Samen

habdomádis
von Sevenweekspoort
(Kap, Südafrika)

habrophýllus
mit üppigen Blättern

hachijoénsis
von der Hachijo-Insel
(Japan)

hadiénsis
aus den Bergen von Aden
(Arabien)

hadriáticus
Adria-

hadrosómus
mit starken Trieben

haemáleus
blutrot

haemánthus
blutrot blühend

haematánthus
mit blutroten Blüten

haematócalyx
mit blutrotem Kelch

haematódes
Blut-ähnlich

haematophýllus
mit blutroten Blättern

haemostíctus
blutrot gefleckt

haitiénsis
Haiti-

hakeifólius
mit Blättern wie Hakea

hakeoídes
Hakea-ähnlich

hakkodénsis
vom Hakkoda-san (Berg
in Nord-Honschu)

hakusanénsis
vom Berg Haku-san
(Japan)

halabulánicus
Halabulan- (China)

halenbergénsis
Halenberg- (bei
Lüderitzbucht, Namibia)

halepénsis
Haleb- (Aleppo, Syrien)

halicácabum
nach einem antiken
Pflanzennamen

halimifólius
mit Blättern wie Atriplex
halimus

hálimus
antiker Pflanzenname

halipedícola
Salzbodenbewohner

hallaisanénsis
vom Mount Halla
(Hallaisan, Cheju, Insel
südlich Korea)

hallénsis
aus Halle (Saale)

halodéndron
nach der Gattung
Halodendron
(Verbenaceae)

halóphilus
Salz liebend

hamatacánthus
hakendornig

hamatispínus
hakendornig

hamátus
mit Haken

hamósus
mit Haken

hamulátus
mit kleinen Haken

hamulósus
mit kleinen Haken

hapalacánthus
weichdornig

haplócalyx
mit schlichtem Kelch

hármala
arabischer Pflanzenname
(Peganum)

harpophýllus
mit Blättern wie
Widerhaken

háspan
Pflanzenname in Sri
Lanka (Cyperus)

hássjoo
japanischer Pflanzenname
(Mucuna)

hastátus
spießförmig

**hástifer, hastífera,
hastíferum**
Spieße tragend

hastifólius
spießblättrig

hastilábius
mit spießförmiger Lippe

hástilis
spießförmig

havanénsis
Habana- (Kuba)

hayachinénsis
Hayachine- (Japan)

hebecárpus
flaumfrüchtig

hebephýllus
mit flaumigen Blättern

hederáceus
efeuartig

héderae
Efeu-

hederifólius
efeublättrig

hedraeánthus
mit ungestielten Blüten

hedraianthifólius
mit Blättern wie
Edraianthus

hedysaroídes
süßkleeartig

hedythámnus
lieblich und buschig

helenioídes
Helenium-ähnlich

helenítis
nach einem antiken
Pflanzennamen

helénium
antiker Pflanzenname:
Alant

heleonástes
Sumpfbewohner

helianthoídes
Sonnenblumen-ähnlich

heliconiifólius
mit Blättern wie
Heliconia

heliconioídes
Heliconia-ähnlich

heliolépis
goldschuppig

helioscópius
antiker Pflanzenname:
sonnenwendig

hélix
antiker Pflanzenname

helleborifólius
mit Blättern wie
Helleborus

helleboríne
griechischer
Pflanzenname

helminthorrhízus
mit wurmförmiger Wurzel

helodóxa
Zierde des Sumpfes

helvéticus
Schweizer-, schweizerisch

hélvolus
graugelb, honiggelb

hemeroanthericoídes
Hemerocallis- und
Anthericum-ähnlich

hemispháéricus
halbkugelig

hemíteles
halb vollendet,
dazwischen stehend

hemitrichótus
zur Hälfte behaart

hepática
lateinischer
Pflanzenname: Leberkraut

hepaticifólius
mit Blättern wie Hepatica

heptagónus
mit 7 Kanten

heptálobus
siebenlappig

heptamérus
mit 7 Teilen

heptapétus
mit 7 Kronblättern

heptaphýllus
siebenblättrig

heracleifólius
mit Blättern wie
Heracleum

heracleóticus
nach einem griechischen
Pflanzennamen

herácleum
Herkulespflanze

herácleus
sehr kräftig, Herakles-

hérba-vénti
Windkraut

herbáceus
krautig

herbeohýbridus
krautige Hybride

hercegóvinus
Herzegowina- (Balkan)

hercýnicus
vom Harz, aus den
deutschen Mittelgebirgen

hermánniae
Hermannia-

hermaphrodíticus
zwittrig

hermaphrodítus
zwittrig

hesperánthus
spät blühend

hesperídum
der Hesperiden (antiker
Ausdruck für die
westlichsten Vorkommen)

hespérius
westlich

heteracánthus
verschiedenstachelig

heteránthus
verschiedenblütig

heterocárpus
verschiedenfrüchtig

heterochrómus
verschiedenfarbig

heteroclítus
mit ziemlich
verschiedenen Blättern

heterocýclus
mit verschiedenen Knoten
(Ringen)

heterodóntus
verschiedenzähnig

heterodóxus
ungewöhnlich

heterólepis
verschiedenschuppig

heteromállus
einseitig zottig

heteronémus
verschiedenfädig

heteropáchys
mit verschieden dicken
Blattspreiten

heterophýllus
verschiedenblättrig

heterópodus
mit ungleichen Stielen

heterotropoídes
Heterotropa-ähnlich

heucherifólius
mit Blättern wie Heuchera

hexaedróphorus
Hexaeder (Sechsflächner)
tragend

hexáedrus
sechsflächig

hexagonópterus
mit 6 geflügelten Kanten

hexagónus
sechskantig

hexámitus
Sammet-

hexándrus
mit 6 Staubblättern

hexapétalus
mit 6 Kronblättern

hexaphýllus
sechsblättrig

hexástichos
mit 6 Zeilen

híans
klaffend

hibérnicus
irisch

hibiscifólius
mit Blättern wie Hibiscus

hidalgénsis
Hidalgo- (Mexiko)

hiemális
Winter-

hieraciifólius
mit Blättern wie
Hieracium

hieracioídes
Hieracium-ähnlich

hierochúnticus
Jericho- (Palästina)

hieroglýphicus
Hieroglyphen-

hierrénsis
Hierro- (Kanaren)

highdownénsis
Highdown- (England)

himaláicus
himalaisch

himalayánus
himalaisch

himalayénsis
himalaisch

himalénsis
himalaisch

himantócladus
mit gestriemten Zweigen

hippocástanum
Rosskastanie

hippománicus
giftig für Pferde

hippomárathrum
nach einem antiken
Pflanzennamen

hippophaeoídes
Sanddorn-ähnlich

hippúris
Tannenwedel

hippuroídes
Hippuris-ähnlich

hircánicus
vom Kaspischen Meer

hircínus
Bocks-

hírculus
kleiner Bock

hirsuticáúlis
mit rauhaarigem Stängel

hirsútipes
mit behaartem Stiel

hirsutíssimus
sehr rauhaarig

hirsútulus
etwas rauhaarig

hirsútus
rauhaarig

hirtéllus
kurzborstig

hírtipes
borstenstängelig

hírtulus
mit kurzen Haaren

hírtus
borstig

hirundinária
lateinischer Pflanzenname

hispánicus
spanisch

hispaniólae
Hispaniola- (Haiti)

hispídulus
kurz-steifhaarig

híspidus
steifhaarig

hissáricus
vom Hissar-Joch
(Tadschikistan)

hístrio
Schauspieler

histrioídes
der Iris histrio ähnlich

histriónicus
Schauspieler-

hístrix
Stachelschwein

hoanghénsis
Hoangho- (China)

hollándicus
holländisch

holocárpus
mit ungeteilten Früchten

holochrýsus
goldgelb, ganz gelb

holodóntus
ganz stachelig

hololéúcus
ganz weiß

holophýllus
mit ungeteilten Blättern
(nicht ausgerandeten
Nadeln)

holoschóénus
Schoenus-ähnlich
(Cyperaceae)

holoseríceus
dicht seidenhaarig

holoséricus
dicht seidenhaarig

holóstea
griechischer
Pflanzenname

holosteoídes
der Stellaria holostea
ähnlich

holósteum
antiker Pflanzenname

holótrichus
ganz behaart

homalophýllus
flachblättrig

homólepis
einheitlich beschuppt

homophýllus
gleichmäßig beblättert

hondoénsis
Hondo- (Japan)

hondói
Hondo- (Japan)

hondurénsis
Honduras-

hongkongénsis
Hongkong-

hopeiénsis
Hopei- (China)

hopetownénsis
Hopetown- (Südafrika)

hordeáceus
gerstenartig

hordeístichos
mit Zeilen wie Gerste

horizontális
waagerecht

horizonthalónius
mit waagerechten
Dornenringen

hormínum
antiker Pflanzenname

hormóphorus
Halsband tragend

horombénsis
Horombe- (Madagaskar)

horridispínus
mit schrecklichen Dornen

horrídulus
stark stachelig

hórridus
abschreckend

horrípilus
von Haaren struppig

horténsia
nach der Gattung
Hortensia

horténsis
Garten-

hortórum
der Gärten

hortulánus
Gärtner-

hóspitus
bietet Gastlichkeit

hothaménsis
Hotham- (Australien)

huagalénsis
Huagal- (Cajamarca,
Peru)

hualfinénsis
Hualfin- (Argentinien)

huanucoénsis
Huanuco- (Peru)

huarinénsis
Huari- (Bolivien)

huáscha
nach einem Indianer-
Wort: Waisenkind

huilcanóta
vom Huilcanota-Tal
(Südperu)

huitcholénsis
von der Sierra de los
Huitcholes (Mexiko)

humifúsus
niederliegend

humílior, humílius
niedriger

húmilis
niedrig

humistrátus
am Boden ausgebreitet

hungáricus
ungarisch

hupehénsis
Hupeh- (China)

hyacinthiflórus
hyazinthenblütig

hyacinthínus
hyazinthenartig

hyacinthoídes
Hyazinthen-ähnlich

hyalacánthus
mit durchsichtigen
Dornen

hyalínus
glasartig, durchscheinend

hyaloídes
durchsichtig

hybérnus
Winter-

hýbrido-gagnepáínii
der aus Berberis
gagnepainii var.
lanceifolia und Berberis
verruculosa entstandene
Bastard

hýbridus
Bastard-

hydrangeoídes
Hydrangea-ähnlich

hydrocotylifólius
mit Blättern wie
Hydrocotyle

hydrolápathum
antiker Pflanzenname:
Wasserampfer

hydrópiper
Pfeffer am Wasser

hyemális
Winter-

hygrómetra
Feuchtigkeitszeiger

hygrométricus
Feuchtigkeit anzeigend

hygroscópicus
sich bei Feuchtigkeit
entfaltend

89

hymenophylloídes
Hymenophyllum-ähnlich

hymenosépalus
mit häutigem Kelch

hyméttius
von den Hymettos-Bergen
(Griechenland)

hyperbóreus
aus dem hohen Norden

hypericifólius
mit Blättern wie
Hypericum

hypericoídes
Hypericum-ähnlich

hyperostígmus
mit keulenförmigem
Griffel

hypnoídes
Hypnum-ähnlich (Moos)

hypochondríacus
traurig

hypogáéus
unterirdisch

hypogláúcus
unterseits blaugrün

hypoglóssus
antiker Name einer
Ruscus-Art

hypoglóttis
Hülsen unten mit Ritze

hypokérinus
unterseits wächsern

hypolepidótus
unterseits schuppig

hypoléúcus
unterseits weiß

hypopháéus
unterseits etwas grau

hypophégeus
unter Buchen wachsend

hypophýllum
alter Pflanzenmame:
Blüten unter dem Blatt

hypópitys
unter Fichten wachsend

hypotrichótus
unterseits behaart

hyptiacánthus
mit krallenartigen Dornen

hyrcánicus
hyrkanisch (vom
Kaspischen Meer)

hyrcánus
hyrkanisch (vom
Kaspischen Meer)

hyssopifólius
ysopblättrig

hystrichoídes
Stachelschwein-ähnlich

hystricínus
Stachelschwein-

hýstrix
Stachelschwein

ianthínus
violett

ianthothéle
violettwarzig

ibaguénsis
Ibaguè- (Kolumbien)

ibéricus
iberisch (Kaukasus)

iberídeus
Iberis-ähnlich

iberidifólius
mit Blättern wie Iberis

ibicuiénsis
Ibicui- (Brasilien)

ibólius
Bastard aus Ligustrum
ibota und L. ovalifolium

ibóta
japanischer Pflanzenname
(Ligustrum)

ibúrua
Name der Digitaria-Art in
Nigeria

icáco
Pflanzenname in
Mittelamerika
(Chrysobalanus)

ichangénsis
Ichang- (China)

ichopénsis
Ichopo- (Natal, Südafrika)

icosagonoídes
dem Seticereus
icosagonus ähnlich

icosagónus
mit 20 Kanten

icosiphýllus
mit 20 Blättern

idáéus
Idagebirge- (Kreta)

idahoénsis
Idaho- (USA)

idomenáéus
Kreta- (Idomeneus, König
von Kreta)

ignacionénsis
von San Ignacio
(Paraguay)

ignávus
matt, schlaff

ignéscens
feuerrot werdend

ígneus
feuerrot

ikáriae
Ikaria- (griechische Insel)

ílex
antiker Pflanzenname

ilgazénsis
vom Ilgaz Dag (Türkei)

ilicifólius
stechpalmenblättrig

illecebrósus
anlockend

illépidus
unfein

illinítus
beschmiert, überzogen

illinoinénsis
Illinois- (USA)

illústris
prachtvoll, hell

illýricus
illyrisch (Jugoslawien)

ilvénsis
Elba- (Mittelmeer)

ímbe
Pflanzenname in
Südamerika
(Philodendron)

imbecíllis
schwächlich

imbérbis
bartlos

imbricárius
dachziegelig

imbricátus
dachziegelig

imeretínus
imeretisch (Kaukasus)

immérsus
untergetaucht, verdeckt

impátiens
ungeduldig, Berührung
nicht ertragend

impedítus
behindert, niedrig

imperiális
kaiserlich

implexícomus
mit ungekämmtem Haar

impléxus
verflochten

impréssus
eingedrückt

inaequalifólius
ungleichblättrig

ináéquidens
ungleich gezähnt

inaequiláterális
ungleichseitig

inapértus
ungeöffnet

incáicus
Inka-

incanéscens
grau werdend

incánus
aschgrau

incarnátus
fleischfarben

incértus
unsicher, zweifelhaft,
variabel

incisifólius
mit eingeschnittenen
Blättern

incísus
eingeschnitten

incláúdens
einschließend

inclinátus
gebogen

incomparábilis
unvergleichlich

incomplétus
unvollständig

incómptus
ungeschmückt

inconspícuus
unansehnlich

incónstans
unbeständig

inconstántia
Veränderlichkeit

incuiénsis
Incuyo- (Peru)

91

incurvátus
einwärts gekrümmt

incúrvus
gekrümmt

índicus
indisch

indigófera
nach der Gattung
Indigofera

indivísus
ungeteilt

inérmis
unbewehrt, unbestachelt,
unbegrannt

inexpectátus
unerwartet

infectórius
Färbe-

infernillénsis
Infernillo- (Mexiko)

infírmus
schwach

inflátus
aufgeblasen

infléxus
gebogen

infráctus
eingeknickt

infundibuláris
trichterartig

infundibulifórmis
trichterförmig

infundíbulum
Trichter

íngens
riesig, ungeheuerlich

innominátus
unbenannt, namenlos

innóxius
unschädlich (mit
schwachen Stacheln)

inodórus
geruchlos

inophýllum
nach der Gattung
Inophyllum: Blatt mit
gebündelten parallelen
Nerven

inopiflórus
armselig blühend

inopinátus
unvermutet

ínops
armselig, unansehnlich

inornátus
ungeschmückt

inóxius
unschädlich (mit
schwachen Stacheln)

inquináns
befleckend

insánus
ungesund

**inséctifer, insectífera,
insectíferum**
mit Insekten-ähnlichen
Blüten

insértus
eingefügt

insígnis
ausgezeichnet

insitítius
eingepfropft, eingeführt

insólitus
ohne Sonne, im Schatten

insúbricus
insubrisch (Südalpen)

insuláris
Insel-

intaminátus
ungefleckt

intéctus
unbedeckt, kahl

**ínteger, íntegra,
íntegrum**
ungeteilt

integérrimus
völlig ganzrandig

integrifólius
mit ungeteilten Blättern

intercédens
dazwischen stehend

intérior, intérius
innere, Inlands-

interjéctus
dazwischen stehend

intermédius
der mittlere

interpósitus
dazwischen gesetzt

interrúptus
unterbrochen

intertéxtus
verwebt

intónsus
bärtig

intórtus
gedreht

intricatíssimus
sehr verworren

intricátus
verworren

intybáceus
zichorienartig

íntybus
lateinischer Pflanzenname
(Cichorium)

inuloídes
Inula-ähnlich

inundátus
überschwemmt

inusitátus
unnütz

invíctus
unübertroffen

invísus
unsichtbar

involucrátus
von Hüllblättern umgeben

involútus
eingehüllt

invólvens
einhüllend

ioánthus
mit Veilchenblüte

ioénsis
Iowa- (USA)

ionándrus
mit violetten
Staubblättern

ionánthus
mit Veilchenblüte

ipádu
Volksname der
Erythroxylum-Art in
Brasilien

ípe
Name der Tecoma-Art in
Brasilien

ipecacuánha
kleines, Erbrechen
erregendes Kraut

ipomóéa
nach der Gattung
Ipomoea

iránicus
Iran-

ircutiánus
Irkutsk- (Sibirien)

iridéscens
regenbogenfarbig,
irisierend

iridiflórus
schwertlilienblütig

iridifólius
schwertlilienblättrig

iridioídes
Iris-ähnlich

írio
antiker Pflanzenname

irioídes
Iris-ähnlich (Wedel)

irreguláris
unregelmäßig

irríguus
auf nassem Standort

irrorátus
betaut, bereift

isabellínus
fahlgelb

iscayachénsis
Iscayachi- (Tarija,
Bolivien)

ischáémum
antiker Pflanzenname:
blutstillendes Kraut

islándicus
Island-

islayénsis
Islay- (Peru)

isochrómus
gleichfarbig

isophýllus
mit gleichen Blättern

isópterus
mit gleichen Flügeln

isopyroídes
Isopyrum-ähnlich

isoténsis
von El Isote (Mexiko)

isótypus
nach der Gattung Isotypus
(Compositae)

istanbulénsis
Istanbul- (Türkei)

isthmocárpus
schmalfrüchtig

istríacus
Istrien-

itálicus
italienisch

ítalus
italienisch

iteaphýllus
weidenblättrig

iteophýllus
weidenblättrig

ithaburénsis
vom Berg Tabor (Israel)

iturupénsis
von Etoroful (Iturup,
Kurilen)

ivorénsis
von der Elfenbeinküste

iwarancúsa
Fieber hemmend

iwarénge
Name der Orostachys-Art
in Ostasien

ixioídes
Ixia-ähnlich

ixocárpus
mit klebrigen Früchten

ixtlioídes
der Agave ixtli ähnlich

jaborándi
indianischer
Pflanzenname
(Pilocarpus)

jabúran
japanischer Pflanzenname
(Ophiopogon)

jáca
Pflanzenname in Indien
(Artocarpus)

jacéa
mittelalterlicher
lateinischer Pflanzenname

jacobáéa
St. Jakobskraut (Senecio)

jacobáéus
bei Lotus: von St.
Jago
(Kapverdische Inseln)

jacquiniiflórus
mit Blüten wie Jacquinia
(Theophrastaceae)

jágus
Hörfehler für englisch:
gigas

jálapa
Xalapa- (Mexiko)

jalapénsis
Xalapa- (Mexiko)

jaliscánus
Jalisco- (Mexiko)

jaltomáta
nach der Gattung
Jaltomata

jamacáru
Pflanzenname in Brasilien
(Cereus)

jamasakúra
japanischer Name der
Prunus-Art

jambolána
Pflanzenname in Indien
(Syzygium)

jámbos
nach dem indischen
Namen einer Syzygium-
Art

jangtzowénsis
vom Jang-tzow-shan
(Yunnan, China)

jansenvillénsis
Jansenville- (Südafrika)

januénsis
Genua-

japónicus
japanisch

jasmíneus
Jasmin-ähnlich

jasminiflórus
mit Blüten wie Jasminum

jasminoídes
Jasmin-ähnlich

jasmínum
nach der Gattung
Jasminum

jatamánsi
Volksname der Narde in
Indien

jatrophifólius
mit Blättern wie Jatropha

jatunsachénsis
von Jatun Sacha (Napo,
Ecuador)

jauári
Pflanzenname in Brasilien
(Astrocaryum)

jaumavénsis
Jaumave- (Mexiko)

jaunsarénsis
Jaunsar- (NW-Himalaya)

javanénsis
Java-

javánicus
Java-

jemtlándicus
Jämtland- (Schweden)

jesdiánus
Jasd- (Iran)

jezoénsis
Jesso- (Japan)

jirínga
nach dem malayischen
Namen der
Pithecellobium-Art

joánnis
von St. Ivan (bei Prag,
Tschechien)

johímbe
Name der Rinde einer
Pausinystalia-Art in
Afrika

jonquílla
spanischer Pflanzenname
(Narcissus)

jonthláspi
Gelbveigel-Hellerkraut

jorullénsis
Jorullo- (Mexiko)

jubátus
mähnenartig

jucúndus
lieblich, angenehm

judáicus
jüdisch

juglandifólius
mit Blättern wie Juglans

jugósus
jochartig

jujúba
nach einem persischer
Pflanzennamen (Ziziphus)

jujuyánus
Jujuy- (Argentinien)

julibríssin
Flockseiden-

júlicus
von den Julischen Alpen

juliflórus
kätzchenblütig

junceifórmis
binsenartig

juncélla
kleine Binse

júnceus
binsenartig

juncifólius
binsenblättrig

juniális
im Juni blühend

juniperifólius
wacholderblättrig

juniperínus
wacholderartig,
wacholderbeerfarbig

juniperoídes
Wacholder-ähnlich

júnos
nach dem japanischen
Namen der Frucht dieser
Citrus-Art

jurássicus
Jura- (Mitteleuropa), bei
Sutera: auf Juraboden

juraténsis
Jura- (Mitteleuropa)

juressiánus
von der Serra do Gerez
(Juressus Mons, Portugal)

juribéllus
von der Alpe Giuri bella
(Südtirol, Italien)

káber
persischer Pflanzenname
(Brassica)

kaieteurénsis
von den Kaieteur Falls
(Guyana)

káki
japanischer Name einer
Diospyros-Art

kaláháricus
Kalahari- (Südafrika)

káli
nach arabisch: Asche aus
salzhaltigen Pflanzen

kalmiiflórus
mit Blüten wie Kalmia

kamaónicus
Kumaon- (Himalaya)

kamiénsis
Kami- (Ayopaya,
Bolivien)

kamtscháticus
Kamtschatka-

kansuénsis
Kansu- (China)

kapéla
vom Kapela-Gebirge
(Jugoslawien)

karasbergénsis
Karasberg- (Namibia)

karasmontánus
Karasberg- (Namibia)

karataviénsis
Karatau- (Turkestan)

karlsruhénsis
Karlsruhe-

kárna
nach dem Namen der
Citrus-Art in Indien

karróó
Name einer Acacia-Art in
Südafrika

káspar
von den Three-Kings-
Islands (nördlich
Neuseeland)

kásyus
Khasia- (Nordindien)

kavachénsis
Kavak- (Türkei,
Armenien)

kazinóki
nach dem japanischen
Namen einer
Broussonetia-Art

keáki
japanischer Name von
Zelkova-Arten

keléticus
bezaubernd

keniénsis
Kenia- (Ostafrika)

kentúkeus
Kentucky- (USA)

kepulága
Pflanzenname in Java
(Amomum)

kermadecénsis
von den Kermadec-Inseln
(Neuseeland)

kermesínus
karmesinrot

kermesínus-plénus
karmesinrot und gefüllt

kerrioídes
Kerria-ähnlich

kesrouanénsis
Kesruan- (Libanon)

kewénsis
aus Kew Gardens (bei
London)

khasiánus
Khasia- (Nordindien)

khátta
Pflanzenname in Indien
(Citrus)

kialénsis
von den Kia-la-Bergen
(China)

kiautschóvicus
Kiautschau- (China)

kioviénsis
Kiew- (Ukraine)

kirgízicus
kirgisisch

kitadakénsis
vom Berg Kita-dake
(Japan)

kiusiánus
Kiuschu- (Japan)

kléínia
nach der Gattung Kleinia
(Compositae)

kléíniae
Kleinia-

kleiniifórmis
Kleinia-artig

klinghardténsis
vom Klinghardtgebirge
(Namibia)

klinghardtiánus
vom Klinghardtgebirge
(Namibia)
kóbus
japanischer Pflanzenname
(Magnolia)
koetjápe
malayischer
Pflanzenname
(Sandoricum)
kók-sághyz
Pflanzenname in
Kasachstan:
Gummiwurzel
(Taraxacum)
kokánicus
Kokan- (Turkestan)
kolomíkta
Pflanzenname der
Tungusen (Actinidia)
kómbe
Pflanzenname in
Südostafrika
(Strophanthus)
kónjac
nach dem Namen der
Amorphophallus-Art in
Japan
koraiénsis
Korea-
koreánus
Korea-
korethroídes
Besen-ähnlich
koúsa
japanischer Name für eine
Cornus-Art
kouytchénsis
Kweitschou- (China)

krérvanh
nach dem
vietnamesischen Namen
der Amomum-Art
kumasáca
japanischer Pflanzenname
(Shibataea)
kumasása
japanischer Pflanzenname
(Shibataea)
kurilénsis
Kurilen- (Inseln in
Ostasien)
kúrrat
Name der Allium-Art in
Ägypten
kúrroo
Pflanzenname im
Himalaya (Gentiana)
kúrrous
Pflanzenname im
Himalaya (Picrorhiza)
kyrtóstylus
mit krummem Griffel

1

labiátus
mit Lippe
labicheoídes
Labichea-ähnlich
lábilis
vergänglich
labiósus
mit großer Lippe
láblab
arabischer Pflanzenname
(Dolichos)
labradóricus
Labrador- (Kanada)
labrúsca
lateinischer Pflanzenname
laburnifólius
mit Blättern wie
Laburnum
labúrnum
lateinischer Pflanzenname
labyrínthicus
verwickelt
lácer, lácera, lácerum
zerschlitzt
laciniátus
ausgefranst, zerteilt
laciniifólius
mit zerschlitzten Blättern
laciniósus
vielzipfelig

lacónicus
von Lakonien (Süd-
griechenland)

lácor
Schellackproduzierer

lácryma-jóbi
Hiobsträne

lácteus
milchweiß

lactiflórus
milchweiß blühend

lactucélla
kleiner Lattich

lactucoídes
Lactuca-ähnlich

lacunósus
lückig, grubig

**lacúster, lacústris,
lacústre**
Teich-, See-

**ladánifer, ladanífera,
ladaníferum**
Harz liefernd

ládanum
lateinischer
Pflanzenname:
wohlriechendes Harz

ladínus
ladinisch, rätoromanisch

ladysmithiénsis
Ladysmith- (Südafrika)

laetevírens
freudiggrün

laetiflórus
blühfreudig

láétus
freudig

laevifólius
mit glatten Blättern

laevigátus
glatt

láévipes
mit glattem Fuß

láévis
glatt

lafaldénsis
von La Falda
(Argentinien)

lagenárius
flaschenartig

lagenicáúlis
mit flaschenartigem
Stamm

lagodechiánus
Lagodechi- (Kaukasus)

lagópus
Hasenpfote

lagúnae
von der Sierra de la
Laguna (Mexiko)

lagúnae-bláncae
vom Valle de La Laguna
Blanca (Argentinien)

lagunénsis
Laguna- (Kalifornien)

lagunillasénsis
Lagunillas- (Santa Cruz,
Bolivien)

lagúrus
Hasenschwanz

lákka
nach einem malayischen
Pflanzennamen
(Cyrtostachys)

lamberténsis
von Lambert's Bay
(Clanwilliam, Südafrika)

lamellátus
lamellenartig

lamellósus
lamellenreich

lámium
Taubnessel

lampocárpus
mit glänzenden Früchten

lampónga
Lampong- (Sumatra)

lamprochlórus
glänzend grün

lampropéplus
in glänzendem Gewand

lanátus
wollig

lancastriénsis
Lancaster- (England)

lanceifólius
mit lanzettlichen Blättern

lanceolátus
lanzettlich

**láncifer, lancífera,
lancíferum**
Lanzen tragend

lancifólius
mit lanzettlichen Blättern

lándra
nach dem Volksnamen der
Pflanze in Oberitalien

langleyénsis
Langley- (England)

lanicéps
mit wolligem Kopf

laniflórus
mit wolligen Blüten

**lániger, lanígera,
lanígerum**
Wolle tragend

lankongénsis
Lankong- (Yunnan,
China)

lánsium
Pflanzenname auf Ambon
in Indonesien (Clausena)

lantána
antiker Pflanzenname

lantanoídes
dem Viburnum lantana
ähnlich

lanuginósus
wollig, flaumig

laóticus
Laos-

lapampaénsis
Lapampa- (Chile)

lapathifólius
sauerampferblättrig

láppa
lateinischer
Pflanzenname: Klette

lappáceus
klettenartig

lappónicus
lappländisch

lappónum
der Lappländer

láppula
kleine Klette

laredénsis
Laredo- (Peru)

largiflórens
reich blühend

laricifólius
lärchenblättrig

laricínus
lärchenartig

larício
Lärchenkiefer

láro
Pflanzenname in
Madagaskar (Euphorbia)

laserpítii-síleris
auf Laserpitium siler

laserpitiifólius
mit Blättern wie
Laserpitium

lasiacánthus
mit gehaarten Dornen

lasiándrus
mit behaarten
Staubblättern

lasiánthus
1. Halimium,
Helianthemum: mit
behaarten Blüten; 2.
Gordonia: nach der
Gattung Lasianthus
(Theaceae)

lasiócalyx
mit wolligem Kelch

lasiocárpus
mit behaarten Früchten

lasiócladus
mit rauen Zweigen

lasiópodus
mit wolligem Stiel

lasíopus
mit behaartem Stamm

lasióstylus
mit behaartem Griffel

lásius
wollig

lateriflórus
seitenblütig

laterítius
ziegelrot

latevaginátus
mit breiten Scheiden

láthyris
griechischer
Pflanzenname:
Wolfsmilch

lathyroídes
Lathyrus-ähnlich

laticórnuus
mit breitem Horn

latifólius
breitblättrig

latiglúmis
mit breiten Spelzen

latílobus
breitlappig

latimaculátus
breitfleckig

latínus
lateinisch, römisch

látior, látius
breiter

latisépalus
mit breiten Kelchblättern

latíspathus
mit breiter Scheide

latispínus
mit breiten Dornen

latisquámus
mit breiten Schuppen

latíssimus
sehr breit

lativaginátus
mit breiter Scheide

lauramárcus
von der Hazienda
Lauramarcay (Peru)

lauréntia
nach der Gattung
Laurentia

laurentiánus
vom Sankt-Lorenz-Strom

lauréola
kleiner Lorbeer

lauriflórus
lorbeerblütig

laurifólius
lorbeerblättrig

láurinus
lorbeerartig

laurocérasus
Kirschlorbeer

láurus
nach der Gattung Laurus

lavanduláceus
lavendelartig

lavandulifólius
lavendelblättrig

lavícola
Lava-Bewohner

laxiflórus
lockerblütig

laxifólius
locker beblättert

láxus
locker, schlaff

lázicus
lasisch (Nordost-Türkei)

lébbeck
nach dem arabischen
Namen einer Albizia-Art

lebomboénsis
Lebomboberge-
(Swaziland)

lecheguílla
Name einer Agaven-Art
in Texas

ledifólius
mit Blättern wie Ledum

ledoídes
Ledum-ähnlich

lédon
griechischer
Pflanzenname

leiánthus
glattblütig

leilungénsis
vom Lei-lung-shan
(Yunnan, China)

leioblástus
glatter Schopf

leiocárpus
mit glatten Früchten

leiogýnus
mit glattem Griffel

leiómerus
mit kahlen Gliedern

leiophýllus
mit glatten Blättern

leiópodus
mit glattem Stiel

leiorhízus
mit glatter Wurzel

leiósporus
mit glatten Sporen

lemonodórus
nach Zitrone duftend

léns
Linse

lentágo
neuzeitlicher lateinischer
Pflanzenname

lentifórmis
linsenförmig

lentiginósus
sommersprossig

lentiscifólius
mit Blättern wie Pistacia
lentiscus

lentíscus
lateinischer
Pflanzenname:
Mastixbaum

léntus
zäh, klebrig

leodiénsis
aus Lüttich (Liège,
Belgien)

leonénsis
aus Sierra Leone

leontínus
Lienz- (Osttirol,
Österreich)

leontopetaloídes
alter Pflanzenname

leontopétalum
nach der Gattung
Leontopetalon
(Berberidaceae)

leontopodioídes
Edelweiß-ähnlich

leontopódium
nach der Gattung
Leontopodium

leonúrus
lateinischer
Pflanzenname:
Löwenschwanz

leónus
von Nuevo Leon
(Mexiko)

leopardínus
leopardenartig

lepidocárpus
mit schuppiger Frucht
(dicht stehende
Deckschuppen)

lepidocáúlis
mit beschupptem Stängel

lepidocáúlos
mit beschupptem Stängel

lepidocáúlus
mit beschupptem Stängel

lepidophýllus
mit schuppigen Blättern

lepidóstylus
mit schuppigem Griffel

lepidótus
schuppig

lépidus
zierlich

leporínus
Hasen- (Ährchen
Hasenpfoten-ähnlich)

leptacánthus
dünndornig

leptánthus
mit zarter Blüte

leptocáúlis
dünnstängelig

leptóceras
mit dünnem Sporn

leptochílus
dünnlippig

leptóclados
mit dünnen Zweigen

leptodíctyus
mit zartem Netz
(Blattadern)

leptólepis
dünnschuppig

leptóphis
mit dünnen Zweigen
(schlangenartig dünn)

leptophýllus
dünnblättrig

leptópodus
dünnstielig

leptópterus
dünn geflügelt

léptopus
dünnstielig

leptosépalus
mit dünnen Kelchblättern

leptostáchyus
dünnährig

leptótes
mit feinmaschigem
Adernetz

leptótrichus
zart behaart

leucacánthus
weißdornig

leucadéndrus
Silberbaum-

leucándrus
mit weißen Staubblättern

leucánthemum
nach einem griechischen
Pflanzennamen

leucánthus
weißblütig

leucáspis
mit weißem Schild

leucoblástus
mit weißem Schopf

leucocánthus
weißgelb

leucocárpus
weißfrüchtig

leucocéphalus
weißköpfig

leucochílus
weißlippig

leucócladus
mit weißen Zweigen

leucodérmis
mit weißer Rinde

leucolásius
weißwollig

leucomállus
mit hellem Fell

leuconéúrus
weißnervig

leucopétalus
mit weißen Kronblättern

leucophýllus
weißblättrig

leucopolitánus
Wissembourg- (Elsaß)

leucópterus
weiß geflügelt

leucorháchis
mit weißer Rippe

leucorhodánthus
weiß-rosablütig

leucórhodon
weiße Rose

leucorrháphis
weiß bestachelt

leucorrhízus
mit weißer Wurzel

leucóstachys
weißährig

leucostéle
mit weißer Säule

101

leucótrichus
weißhaarig

leucovioláceus
weiß und violett

leucoxánthus
weißgelb

leucóxylon
mit weißem Holz

levistrátus
mit glatter Oberfläche
(Blatt)

libanénsis
vom Mt. Liban (bei
Santiago de Cuba)

libanérris
Bastard aus Quercus
libani und Q. cerris

líbani
Libanon-

libanóticus
Libanon-

libanótidis
auf Libanotis

libanótis
nach der Gattung
Libanotis

libéricus
Liberia- (Westafrika)

libúrnicus
liburnisch (Jugoslawien)

lichiangénsis
vom Lichianggebirge
(Yunnan, China)

ligéricus
Loire- (Frankreich)

lignósus
holzig

lígtu
Pflanzenname in Chile
(Alstroemeria)

liguláris
zungenförmig

ligulátus
mit Zungen

ligusticifólius
mit Blättern wie
Ligusticum

ligústicus
ligurisch, v. Genua (Italien)

ligustrínus
Liguster-ähnlich

likiangénsis
vom Lichianggebirge
(Yunnan, China)

lilaciflórus
lila blühend

lilacinoróseus
lila-rosa

lilacínus
lilafarben

liliágo
lilienartige Pflanze

liliástrum
unechte Lilie

liliiflórus
lilienblütig

liliifólius
lilienblättrig

lilioasphódelus
Affodill-Lilie

liliputánus
sehr klein

lilliputánus
sehr klein

lilliputiánus
sehr klein

líma
nach der arabischen
Bezeichnung für Citrus-
Früchte

limbospérmus
mit Sporenhäufchen am
Rand

liménsis
Lima- (Peru)

limétta
kleine Zitrone

limifólius
mit einer Feile ähnlichen
Blättern

límon
Zitrone

limónia
persisch-arabischer
Pflanzenname (Citrus,
Feronia)

limónium
nach einem antiken
Pflanzennamen

limónum
Zitrone

limósus
Schlamm-

limpopoánus
vom Fluss Limpopo
(südliches Afrika)

linariifólius
mit Blättern wie Linaria

linarioídes
Linaria-ähnlich

lindávicus
von Lindau (Bodensee)

lineamaculátus
in Linien gefleckt,
gestrichelt

linearifólius
mit linealischen Blättern

lineáris
linealisch; bei Ceropegia:
schnurartig

lineatifólius
mit gestreiften Blättern

lineátus
liniert, gestrichelt

língua
Zunge

língue
nach dem Volksnamen der
Persea-Art in Chile

linguifólius
mit zungenförmigen
Blättern

linguifórmis
zungenförmig

lingulátus
zungenförmig

linícola
Bewohner der Leinfelder

liniflórus
leinblütig

linifólius
leinblättrig

linnaeánus
nach Carl von Linné
benannt (1707-1778)

linnáéi
nach Carl von Linné
benannt (1707-1778)

linoídes
Lein-ähnlich

linophýllos
leinblättrig

linophýllus
leinblättrig

linósyris
Pflanze ähnlich Linum
und Osyris (Santalaceae)

liparocárpos
mit glänzenden Früchten

lippizénsis
Lipica- (Kroatien)

liquidambarifólius
mit Blättern wie
Liquidambar

lissocárpus
glattfrüchtig

lissochiloídes
Lissochilus-ähnlich

listáda
gestreift

lítchi
chinesischer
Pflanzenname

lithopolitánicus
von den Steiner Alpen
(Slowenien)

lithuánicus
litauisch

litiénsis
vom Li-ti-ping (Yunnan,
China)

litorális
Strand-

littorális
Strand-

lituiflórus
krummblütig

liturátus
gestreift

liubaénsis
Liuba- (Sichuan, China)

lívidus
bleigrau

llanuraénsis
Llanura- (Sonora,
Mexiko)

lobátus
gelappt

lobocárpus
mit gelappten Früchten

lobophýllus
mit gelappten Blättern

lobuláris
klein gelappt

locális
örtlich

lóchmius
Dickicht-

locústa
neuzeitlicher lateinischer
Pflanzenname: Ährchen

loganioídes
Logania-ähnlich

loganobáccus
Logan's Beere

loliáceus
lolchartig

lologénsis
Lologsee- (Argentinien)

lómi
Bastard aus Euphorbia
lophogona und E. milii

lonchitídeus
Spieß-ähnlich

lonchítis
griechischer
Pflanzenname, Blätter
Spieß-ähnlich

longáevus
langlebig

103

lóngan
nach einem chinesischen
Pflanzennamen
(Dimocarpus)

longánus
nach einem chinesischen
Pflanzennamen
(Euphoria)

longebracteátus
mit langen Deckblättern

longiaristátus
lang begrannt

longibracteátus
mit langen Deckblättern

longicalýcinus
mit langem Kelch

longícalyx
mit langem Kelch

longicarinátus
lang gekielt

longicáúlis
mit langem Stängel

longícomus
mit langem Schopf

longicúspis
langspitzig

longiflórus
mit langen Blüten

longifólius
langblättrig

longigémmis
mit langen Knospen

longihamátus
langhakig

longilaminátus
mit langer Blattspreite

longilanátus
langhaarig

longílobus
mit langen Lappen

longimámmus
langwarzig

lóngipes
langstielig

longipétalus
mit langen Kronblättern

longípilus
langhaarig

longipinnátus
langfiederig

longiracemósus
langtraubig

longiróstris
mit langem Schnabel

longiróstrus
mit langem Schnabel

longiscápus
mit langem Schaft

longisétus
langborstig

longíspathus
mit langen Scheiden

longispínus
langdornig

longíssimus
sehr lang

longistaminátus
mit langen Staubblättern

longistýlis
langgriffelig

longístylus
langgriffelig

longitúbus
mit langer Röhre

lóngus
lang

lonícera
nach der Gattung
Lonicera

lontaroídes
Lontarus-ähnlich
(Palmae)

lophánthus
büschelblütig

lophogónus
mit kammartigen Rippen

lophophoroídes
Lophophora-ähnlich

lophóphorus
Haarbüschel tragend

lophospérmum
nach der Gattung
Lophospermum

lophothéle
kammwarzig

loranthifólius
mit Blättern wie
Loranthus

lorátus
riemenartig

loricátus
gepanzert

lorifólius
mit riemenförmigen
Blättern

lótax
Clown

lotifólius
hornkleeblättrig

lótus
antiker Pflanzenname

louisianénsis
Louisiana- (USA)

louisiánicus
Louisiana- (USA)

loxénsis
Loja- (Ecuador)

lúcens
leuchtend

lúcidrys
Bastard aus Teucrium
lucidum und T.
chamaedrys

lúcidus
leuchtend, glänzend

lucórum
der Haine

lucúma
Pflanzenname in Peru
(Pouteria)

lúdens
spielend

lúdicrus
kurzweilig, kurzlebig

ludovíci-salvatóris
nach Erzherzog Ludwig
Salvator von Österreich

ludoviciánus
von St. Louis (USA)

lúffa
arabischer Pflanzenname
(Momordica)

lugdunénsis
Lyon-

lúma
Pflanzenname in Chile
(Myrtaceae)

**lumínifer, luminífera,
luminíferum**
Kerzen tragend

lunária
Pflanze mit
halbmondförmigen
Blättern

lunátus
halbmondförmig

**lúnifer, lunífera,
luníferum**
Halbmond tragend

luníferus
Halbmond tragend

lunulátus
halbmondförmig

lupináster
unechte Lupine

lupinoídes
Lupinen-ähnlich

lupínus
Wolfs-

lupulifórmis
hopfenförmig

lupulínus
kleiner Hopfen

lúpulus
lateinischer
Pflanzenname: Hopfen

luribayénsis
Luribay- (La Paz,
Bolivien)

lúridus
schmutzig braun, fahlgelb

lusitánicus
portugiesisch

lutchuénsis
von den Ryukyu-Inseln
(Luchu-Inseln, Japan)

luteoálbus
gelbweiß

lutéola
bei Reseda: lateinischer
Pflanzenname: gelb
färbende Pflanze

lutéolus
gelblich

luteopurpúreus
gelb-purpurn

luteoróseus
gelb-rosa

**luteorúber, luteorúbra,
luteorúbrum**
gelb-rot

luteovíridis
gelb-grün

lutéscens
gelblich

lutetiánus
aus Paris

lúteus
gelb

luxúrians
üppig

luzonénsis
Luzon- (Philippinen)

luzónicus
Luzon- (Philippinen)

luzulínus
Luzula-artig

luzuloídes
Luzula-ähnlich

lychnítis
antiker Pflanzenname

lycioídes
Lycium-ähnlich

lýcium
antiker Pflanzenname

lýcius
Lycia- (Südwest-Türkei)

lycoctónum
wolftötende Pflanze

lycopérsicum
antiker Pflanzenname,
heute Tomate

lycopifólius
mit Blättern wie Lycopus

lycopodioídes
Bärlapp-ähnlich

lycópsis
nach der Gattung
Lycopsis (Boraginaceae)

lýdius
lydisch (Türkei)

lyrátus
leierförmig

lysistémon
mit losgelöstem
Staubblatt

macedónicus
mazedonisch

mácer, mácra, mácrum
mager, dünn

mácha
Name einer Triticum-Art
in Transkaukasien

macloviánus
von den Falkland-Inseln

mácqui
Pflanzenname in Chile
(Aristotelia)

macracánthus
großdornig

macradénus
großdrüsig

macranthérus
mit großen Staubbeuteln

macranthópsis
wie Tricyrtis macrantha
aussehend

macránthos
großblütig

macránthus
großblütig

macroacánthus
großdornig

macrobótrys
mit großer Traube

**macrobúlbos,
macrobúlbos,
macrobúlbon**
mit großer Knolle

macrócalyx
mit großem Kelch

macrocárpos
großfrüchtig

macrocárpus
großfrüchtig

macrocéntrus
mit großen Dornen

macrocéphalus
großköpfig

macrochéle
mit großen Klauen

macroctúlmis
mit großem Halm

macrodíscus
mit großer Scheibe

mácrodon
großzähnig

macrodóntes
großzähnig

macrodóntus
großzähnig

macroglóssus
mit großer Zunge

macrogónus
mit langen Kanten

macrólobus
großlappig

macrómeris
großgliedrig

macropétalus
mit großen Kronblättern

macrophýllus
großblättrig

macropléctron
großer Sporn

macrólepis
mit großen Schuppen

macrópodus
dickfüßig, großfüßig,
langstängelig

macropunctátus
mit großen Flecken

macrópus
dickfüßig, großfüßig,
langstängelig

macrorhízus
großwurzelig

macrorrhízus
großwurzelig

macrosépalus
mit großen Kelchblättern

macrosíphon
großröhrig

macróspadix
mit großen Kolben

macrostáchys
großährig

macrostáchyus
großährig

macrostégius
mit großer Hülle

macrostémmus
mit großem Kranz

macrostémon
mit großen Staubblättern

macrostéphanus
mit großer Krone

macróstibas
mit großen Woll-Polstern

macróstylus
mit großem Griffel

macrothýrsus
mit großem Blütenstand

macroúrus
mit langem Schwanz

macrovulgáris
groß und bekannt

macrúrus
mit langem Schwanz

maculátus
gefleckt

maculifólius
mit gefleckten Blättern

maculósus
stark gefleckt

madagascariénsis
Madagaskar-

maderaspatánus
Madras- (Indien)

maderénsis
Madeira-

maderíncola
Bewohner von Madeira

mádidus
wasserreich, weich

madriténsis
Madrid- (Spanien)

madrúno
Pflanzenname in
Kolumbien (Rheedia)

madurénsis
Madura- (Indien)

mafáffa
Pflanzenname in
Kolumbien (Xanthosoma)

magdalénae
1. Fuchsia: vom
Magdalenenstrom
(Kolumbien); 2.
Aechmea, Angraecum,
Neoregelia, Philadelphus:
nach einem Eigennamen

magdalenénsis
vom Magdalenenstrom
(Kolumbien)

magdeburgénsis
aus Magdeburg

magellánicus
Patagonien-

mágnus
groß

magníficus
großartig

magnifoliósus
großblättrig

magnimámmus
großwarzig

magnoliifólius
magnolienblättrig

magungénsis
Magunga- (Tansania)

mahagóni
nach einem
amerikanischen
Pflanzennamen
(Swietenia)

máhaleb
arabischer Pflanzenname:
Weichselkirsche

maidifólius
maisblättrig

máior, máius
größer

máiz-tablasénsis
von Maiz-Las Tablas
(Mexiko)

majális
Mai-

majésticus
majestätisch

májor, május
größer

majorána
nach einem arabischen
Pflanzennamen

majóricus
Mallorca-

makutrénsis
Makutra- (Distrikt Brody,
Ukraine)

malabáricus
Malabarküste- (Indien)

malabáthricus
nach einem altindischen
Pflanzennamen

malaccénsis
Malakka-

malacoídes
Malven-ähnlich

malacophýllus
weichblättrig

malayánus
malayisch

maldívicus
Malediven- (Inseln
westlich Sri Lanka)

malesiánus
malesisch (Südostasien)

maliflórus
apfelblütig

malifórmis
apfelförmig

malpasénsis
von der Cuesta de
Malpaso (Bolivien)

málus
lateinischer
Pflanzenname: Apfel

malváceus
malvenartig

malviflórus
malvenblütig

mamillátus
mit Brustwarzen

mamillósus
kleinwarzig

mammillária
nach der Gattung
Mammillaria

mammillarioídes
Mammillaria-ähnlich

mammilláris
mit Brustwarzen

mammillátus
mit Brustwarzen

mammósus
warzig

mammulósus
mit kleinen Warzen

mánan
nach einem malayischen
Pflanzennamen
(eigentlich manau)

manaranénsis
Manarana- (Madagaskar)

mancinélla
Äpfelchen

mandarinórum
der Mandarine (China)

mandiocánus
Mandioca- (Brasilien)

mandragóra
nach der Gattung
Mandragora

mandschúricus
mandschurisch

mandshúricus
mandschurisch

manettiiflórus
mit Blüten wie Manettia

mángga
Pflanzenname auf Java
(Curcuma)

mánghas
nach einem
Pflanzennamen der
Portugiesen (Cerbera)

**mángifer, mangífera,
mangíferum**
Mango tragend

mángle
Pflanzenname auf den
westindischen Inseln
(Rhizophora)

mangostánus
malayischer
Pflanzenname (Garcinia)

manicátus
manschettenartig

mánihot
1. Jatropha: Pflanzenname
in Brasilien; 2.
Abelmoschus: nach der
Gattung Manihot

maniotóto
von den Maniototo-
Ebenen (Neuseeland)

manipuránus
Manipur- (Nordostindien)

manipurénsis
Manipur- (Nordostindien)

manipuriénsis
Manipur- (Indien)

mánnifer, mannífera,
manníferum
Manna tragend

manschuriénsis
mandschurisch

manshuriénsis
mandschurisch

mánticus
Mantico- (bei Verona,
Italien)

manzaníta
Äpfelchen

mapimiénsis
von der Sierra Mapimi
(Mexiko)

mapóra
vermutlich Name der
Oenocarpus-Art in
Venezuela

maracándicus
Samarkand- (Usbekistan)

maracasénsis
Maracas- (Brasilien)

marantifólius
mit Blättern wie Maranta

marantínus
Maranta-artig

marásca
Strauchweichselkirsche

marcéscens
welkend, schlaff

margalidiánus
von Las Margalides
(Inseln der Balearen)

margaríta
Perle

margaritáceus
perlenartig

margarítifer,
margaritífera,
margaritíferum
Perlen tragend

marginális
randständig

marginatoálbus
weiß gerändert

marginátus
gerändert

márhan
Bastard aus Lilium
martagon und L. hansonii

maríae-regínae
Königin-Maria-

maríae-therésiae
nach Maria Theresia von
Bayern

mariánus
meist nach einem
Eigennamen, bei Clitoria:
Maryland- (USA)

maríe-galánte
nach dem Namen einer
Baumwoll-Sorte auf St.
Vincent (Westindische
Inseln)

marilándicus
Maryland- (USA)

marínus
Meer-

mariórika
aus Picea mariana und P.
omorika zusammengesetzt

mariposénsis
Mariposa- (Texas)

maríscus
antiker Pflanzenname

marítimus
Meeresstrand-

marmélos
nach portugiesisch: Quitte
(Aegle)

marmorátus
marmoriert

marmóreus
marmorartig

maroccánus
Marokko-

marrubiástrum
unechter Marrubium

marrubiifólius
mit Blättern wie
Marrubium

marsúpium
Geldbeutel

mártagon
Turban

martinicénsis
Martinique- (Westindien)

márum
nach einem antiken
Pflanzennamen

marylándicus
Maryland- (USA)

más
männlich, Männchen

másculus
männlich

massaiénsis
der Massaiebene
(Tansania)

massawánus
Massaua- (Eritraea)

massiliénsis
Marseille- (Frankreich)

mastacánthus
mit Lippenblüte

mastichínus
nach Mastix riechende
Pflanze

masúca
Pflanzenname im
Himalaya (Calanthe)

matoánus
aus Mato Grosso
(Brasilien)

matoénsis
aus Mato Grosso
(Brasilien)

matricariifólius
mit Blättern wie
Matricaria

matricarioídes
Matricaria-ähnlich

matronális
Frauen-

mauritánicus
mauretanisch (Nordafrika)

mauritiánus
1. Ipomoea, Solanum: von
Mauritius; 2. Malva:
nordafrikanisch; 3.
Tulipa: Maurienne-
(Frankreich); 4. Ziziphus:
mauretanisch (Nordafrika)

mauritiifórmis
Mauritia-förmig (Palmae)

maurórum
der Mauren

máx
Pflanzenname in Sri
Lanka (Glycine)

maxillarioídes
Maxillaria-ähnlich

maxilláris
Oberkiefer-

máximus
sehr groß

máys
mittelamerikanischer
Name der Zea-Art

mazanénsis
Mazan- (Argentinien)

mazatlanénsis
Mazatlan- (Mexiko)

meádia
nach der Gattung Meadia
(Primulaceae)

medeoloídes
Medeola-ähnlich

médicus
Heilpflanze-

mediolúteus
in der Mitte gelb

mediopíctus
in der Mitte gezeichnet

mediterránus
mittelländisch

médium
nach einem griechischen
Pflanzennamen

médius
mittlere (zwischen 2
Arten stehend)

medulláris
markig

medullósus
markig

medúsae
Medusa-

megácalyx
mit großem Kelch

megacánthus
großdornig

megalacánthus
großdornig

megalánthus
großblütig

megalocárpus
großfrüchtig

megalocéphalus
mit großen Köpfen

megalophýllus
großblättrig

megalorhízos
mit großer Wurzel

megalorhízus
mit großer Wurzel

megalorrhízus
mit großer Wurzel

megalospérmus
großfrüchtig

megaphýllus
großblättrig

megapotámicus
vom Rio Grande
(Brasilien)

megarrhízus
mit großer Wurzel

megaseiflórus
mit Blüten wie Megasea

megaseifólius
mit Blättern wie Megasea
(Bergenia)

megastígmus
großnarbig

megératus
überaus lieblich

melaléucus
schwärzlich-weiß

melanacánthus
mit schwarzen Dornen

melanándrus
mit schwarzen
Staubblättern

melanánthus
mit schwarzen Blüten

melanchólicus
traurig

melanócalyx
mit schwarzem Kelch

melanocárpus
schwarzfrüchtig

melanocéntrus
mit schwarzem Sporn

melanocéphalus
schwarzköpfig

melanocérasus
mit schwarzen Kirschen

melanochrýsus
schwarzgolden

melanocóccus
mit schwarzen Beeren

melanodóntus
mit schwarzen Zähnen

melanopotámicus
vom Rio Negro
(Argentinien)

mélanops
mit schwarzem Auge, mit
schwarzem Fleck

melanóstachys
mit schwarzen Ähren

melanostáchyus
mit schwarzen Ähren

melanostéle
mit schwarzer Säule

melanótrichus
schwarz behaart

melanóxylon
mit schwarzem Holz

melanthérus
mit schwarzen
Staubblättern

mélas, meláina, melán
schwarz

meleagrínus
Perlhuhn-

meléagris
Perlhuhn

meleguéta
nach der spanisch-
französischen
Bezeichnung für die
Samen einer
Aframomum-Art

meliifólius
Melia-blättrig

melilótus-caerúleus
blauer Steinklee

melinánthus
mit gelbroten Blüten

meliodórus
nach Honig duftend

melispínus
mit honiggelben Dornen

melissophýllum
nach einem griechischen
Pflanzennamen:
Melissenblatt

meliténsis
Malta-

**méllifer, mellífera,
mellíferum**
Honig gebend

méllitus
Honig-

mélo
Apfel, Melone

melocactifórmis
melonenkaktusförmig

melocactoídes
Melocactus-ähnlich

melofórmis
melonenförmig

melongéna
nach einem altindischen
Pflanzennamen (Solanum)

melúca
vermutlich Pflanzenname
in Bolivien (Malva)

membranáceus
dünnhäutig

memória-córsii
zur Erinnerung an Corsi
Salviati

menthifólius
minzenblättrig

méntiens
täuschend, trügerisch

mentorénsis
Mentor- (Ohio, USA)

meonánthus
mit kleinen Blüten

meriána
nach der Gattung Meriana
(Iridaceae)

meridionális
südlich

mertonénsis
aus Merton Park
(London)

mésa-gránde
von Grand Mesa
(Colorado, USA)

mesembrianthoídes
Mesembryanthemum-
ähnlich

mesembryanthemoídes
Mesembryanthemum-
ähnlich

mesembryanthemópsis
Mesembryanthemum-
ähnlich

mesembryanthoídes
Mesembryanthemum-
ähnlich

mesopotámicus
aus Mesopotamien

metachróus
die Farbe wechselnd

metáke
japanischer Pflanzenname
(Bambusa)

metállicus
metallisch, glänzend

métel
nach einem arabischen
Pflanzennamen (Datura)

meteloídes
der Datura metel ähnlich

methýsticus
berauschend

métrius
maßvoll, bescheiden

**metúlifer, metulífera,
metulíferum**
kleine Pyramiden tragend

metulíferus
kleine Pyramiden tragend

mexicánus
mexikanisch

mexicróss
Hybriden mit (Begonia)
mexicana

mezcalaénsis
Mescala- (Mexiko)

mezéreum
nach einem persischen
Pflanzennamen:
Seidelbast

mícans
schimmernd

michauxioídes
Michauxia-ähnlich

michoacanénsis
Michoacan- (Mexiko)

michoacánus
Michoacan- (Mexiko)

mickbergénsis
Mickberg- (Namibia)

micradénus
kleindrüsig

micranthérus
mit kleinen Staubbeuteln

micránthos
kleinblütig

micránthus
kleinblütig

micrócalyx
mit kleinem Kelch

microcárpus
kleinfrüchtig

microcéphalus
kleinköpfig

microchílus
mit kleiner Lippe

micrócorys
mit kleinem Helm

micródasys
mit kleinen Borsten

microdíscus
mit kleinen Scheiben

mícrodon
kleinzähnig

microdóntus
kleinzähnig

microglóchin
mit kleiner Granne

microgýnus
mit kleinem Griffel

microheliópsis
der Mammillaria
microhelia ähnlich

microhélius
mit kleinen Sonnen

micrólepis
kleingeschuppt

micromálus
kleiner Apfel

micrómerus
mit kleinen Teilen

micrómeris
mit kleinen Teilen

micromérius
mit kleinen Teilen

micromúsa
kleine Banane

micropétalus
mit kleinen Kronblättern

microphýllus
kleinblättrig

micrópterus
mit kleinen Flügeln

micróptilon
kleine Feder (Anhängsel
der Hüllblätter)

microscópicus
winzig klein

microspérmus
kleinfrüchtig

microsphaéricus
kleinkugelig

microspínus
mit kleinen Dornen

microstáchyus
mit kleinen Ähren

microstégius
mit kleinen Hüllblättern

micróstigmus
mit kleinen Narben

microthéle
mit kleinen Warzen

mikanioídes
Mikania-ähnlich

miliáceus
hirseartig

miliáris
kleinkörnig, Hirse-

militáris
Soldat-, helmartig

milleflórus
tausendblütig

millefoliátus
tausendblättrig

millefólium
lateinischer Pflanzenname
(Achillea, Chamaebatiara)

millefólius
tausendblättrig

mimosifólius
mimosenblättrig

mimosoídes
Mimosen-ähnlich

mína
nach der Gattung Mina
(Convolvulaceae)

mínax
überragend

minénsis
aus Minas Geraes
(Brasilien)

miniatiflórus
mit zinnoberroten Blüten

miniátus
zinnoberrot

minimiflórus
mit winzigen Blüten

mínimus
sehr klein

mínor, mínus
kleiner

minúsculus
ziemlich klein

minutiflórus
mit sehr kleinen Blüten

minutíssimus
besonders klein

minútulus
sehr klein

minútus
klein

mióga
japanischer Pflanzenname
(Zingiber)

mirábilis
wunderbar

míser, mísera, míserum
kümmerlich

missionárius
Missionar-

mississippiénsis
Mississippi-

missouriénsis
Missouri-

mistiénsis
von El Misti (Vulkan in
Peru)

mitifólius
mit weichen Blättern

mítis
mild

mitíssimus
sehr mild

mitlénsis
Mitla- (Mexiko)

mitrátus
mützenförmig

mitrifórmis
mützenförmig

míxtus
gemischt

mizquénsis
Mizque- (Bolivien)

mocanéra
Name einer Visnea-Art
auf den Kanarischen
Inseln

mocupénsis
Mocupe- (Nordwest-Peru)

modéstus
bescheiden

moehringioídes
Moehringia-ähnlich

moesíacus
mösisch (Balkan)

mohária
nach dem ungarischen
Namen einer Setaria-Art

mohrioídes
Mohria-ähnlich

mojavénsis
aus der Mojave-Wüste
(Kalifornien)

mókka
Mokka- (Jemen)

moldávica
lateinischer
Pflanzenname: Moldau-

moldávicus
1. Aconitum: Moldawien-;
2. Dracocephalum:
neuzeitlicher lateinischer
Pflanzenname

molendénsis
Mollendo- (Peru)

mólle
bei Schinus:
Pflanzenname in Mittel-
und Südamerika

mollendénsis
Mollendo- (Peru)

molleoídes
der Lithraea molle ähnlich

mollicáúlis
mit weichem Stängel

mollicomátus
mit weichem Schopf

mollícomus
mit weichem Schopf

móllis
weich

mollíssimus
sehr weich

mollúgo
lateinischer
Pflanzenname: weiche
Pflanze

mólmol
nach dem Namen des
Myrrheharzes in Somalia

moluccánus
Molukken-

moluccellifólius
mit Blättern wie
Moluccella

móly
Name einer Pflanze der
griechischen Sage

mómbin
Pflanzenname auf den
Karibischen Inseln
(Spondias)

momórdica
nach einem alten
(asiatischen?)
Pflanzennamen

monacánthus
eindornig

monacénsis
aus München

monadélphus
mit nur einem Staubblatt
(Staubblätter verwachsen)

monándrus
mit einem Staubblatt

monánthes
einblütig

monánthos
einblütig

monánthus
einblütig

monénsis
von der Isle of Man
(Großbritannien)

monghólicus
mongolisch

mongólicus
mongolisch

mónilis
Halsband-

**monílifer, monílifera,
moníliferum**
eine Perlenkette tragend

moniliórmis
perlschnurartig,
halsbandartig

móno
Pflanzenname der
Tungusen (Acer)

monocéphalus
einköpfig

monocóccus
einkörnig

monógynus
eingriffelig

monopétalus
mit einem Kronblatt

monophýllos
einblättrig

monophýllus
1. Fragaria, Fraxinus,
Hardenbergia, Kennedia:
mit einteiligen Blättern; 2.
Pinus: mit einzeln
stehenden Nadeln

monopyrénus
mit einzelnem Kern, mit
einzelnem Stein

monórchis
mit nur einer Knolle

monosorátus
mit Sporenhäufchen in
einer Reihe

monospérmus
einsamig

monostáchius
mit einer Ähre

monostáchyus
mit einer Ähre

monregalénsis
Montereale- (Italien)

monspelíacus
Montpellier-
(Südfrankreich)

monspeliénsis
Montpellier-
(Südfrankreich)

monspessulánus
Montpellier-
(Südfrankreich)

monstrósus
missgestaltet

montanifórmis
Leontodon-montanus-
artig

montánus
Berg-

montavonénsis
Montavon- (Vorarlberg,
Österreich)

montenegrínus
Montenegro- (Balkan)

montevidénsis
Montevideo- (Uruguay)

montezúmae
Montezuma-

montícola
Bergbewohner

móntis-dracónis
Drakensberg- (Südafrika)

móntis-móltkei
Moltkeblick- (Auasberge
in Namibia)

moráéa
nach der Gattung Moraea

moranénsis
Moran- (Mexiko)

morávicus
mährisch

mordenénsis
Morden- (Manitoba,
Kanada)

morélla
kleine Maulbeere

morifólius
maulbeerbaumblättrig

mório
nach einem griechischen
Pflanzennamen

moroídes
Maulbeer-ähnlich

morrisonénsis
vom Mount Morrison
(Niitaka-jama,Taiwan)

morrisonícola
Bewohner des Mount
Morrison (Niitaka-
jama,Taiwan)

mórsus-ránae
Froschbiss

mosáicus
mosaikförmig

mosanénsis
Mosan- (Korea)

moschatellína
schwach nach Moschus
riechende Pflanze

moschátus
Moschus-

moschéútos
antiker Pflanzenname

**móschifer, moschífera,
moschíferum**
Moschus tragend

motórius
in Bewegung

móúgri
Name des
Schlangenrettichs in
Südostasien

moulmainénsis
Moulmein- (Myanmar)

mountperriénsis
vom Mount Perry
(Australien)

moupinénsis
Moupin- (China)

moútan
chinesischer Name einer
Paeonia-Art

motsouénsis
von Mo-tsou (Yunnan,
China)

mozambicénsis
Mosambik- (Afrika)

mucronátus
mit einer Spitze

mucronifólius
mit zugespitzten Blättern

mucronulátus
mit kleiner Spitze

mucunoídes
Mucuna-ähnlich

mudenénsis
vom Muden Valley
(Südafrika, Natal)

muendeniénsis
von Hannoversch Münden

múghus
nach dem italienischen
Namen dieser Pinus-Art

múgo
nach dem italienischen
Namen dieser Pinus-Art

mukoróssi
japan. Pflanzenname
(Sapindus)

multanguláris
vielkantig

multibracteátus
mit vielen Deckblättern

multibulbósus
mit vielen Zwiebeln

multicáúlis
vielstängelig

multicávus
mit vielen Gruben

múlticeps
vielköpfig

multícolor
vielfarbig

multicostátus
vielrippig

multicúlmis
mit vielen Halmen

multífidus
vielteilig

multiflórus
vielblütig

multiglandulósus
mit vielen Drüsen

multihamátus
mit vielen Haken

multijúgus
vielpaarig

multilineátus
mit vielen Streifen

multinérvis
mit vielen Adern

múltiplex
vielfach

multipunctátus
mit vielen Punkten

multiradiátus
vielstrahlig

multiscapoídeus
mit vielen Schäften

multispínus
mit vielen Dornen

múme
japanischer Name für
Pfirsich

múndulus
nett, hübsch

múndus
nett, hübsch

múngo
nach einem indischen
Pflanzennamen
(Phaseolus)

munítus
bewaffnet

murális
Mauer-

muricátus
purpurschneckenförmig,
stachelig

murínus
Mäuse-

murórum
der Mauern

murumúru
Pflanzenname in Brasilien
(Astrocaryum)

musáicus
mosaikförmig, gefleckt

muscári
nach der Gattung Muscari

muscarioídes
Muscari-ähnlich

muscícola
Moosbewohner, auf Moos

**múscifer, muscífera,
muscíferum**
Fliegen tragend, mit
Fliegen-ähnlichen Blüten

muscifórmis
moosförmig

muscípula
Fliegenfalle

muscívorus
Fliegen fressend

muscoídes
Moos-ähnlich

muscoídeus
Moos-ähnlich

muscósus
moosartig

musculínus
fleischig

musifólius
bananenblättrig

musimónus
Mufflon-

muskinguménsis
Muskingum- (USA)

musulmánicus
islamisch

mutábilis
veränderlich

mutátus
verändert, ungewöhnlich

mutellína
nach einem
Pflanzennamen in den
Alpen (Ligusticum)

mutellinoídes
der Ligusticum mutellina
ähnlich

múticus
grannenlos

mútilus
verstümmelt,
abgeschnitten (war Linnés
Exemplar)

myagródes
Myagrum-ähnlich

myíagrus
Fliegen fangend (drüsig)

myoporoídes
Myoporum-ähnlich

myosotidiflórus
mit Vergissmeinnicht-
Blüten

myosótis
Vergissmeinnicht

myosuroídes
Mäuseschwanz-ähnlich

myosúrus
Mäuseschwanz-

myriacánthus
reichdornig

myriánthus
reichblütig

myricoídes
Myrica-ähnlich

myriocárpus
mit zahlreichen Früchten

myriócladus
mit zahlreichen Ästen

myriophýllus
tausendblättrig

myriostígma
vielnarbig

myristicifórmis
muskatnussförmig

myrísticus
Muskatnuss

myrobálanus
Gewürzeichel

myrobolána
nach einem antiken
Pflanzennamen

mýrrha
Myrrhe

myrsinifólius
mit Blättern wie Myrsine

myrsinítes
myrtenartig

myrsinoídes
Myrsine-ähnlich

myrtifólius
myrtenblättrig

myrtilloídes
1. Rhododendron: einer
kleinen Myrte ähnlich,
2. Lonicera: der Lonicera
myrtillus ähnlich

myrtíllus
kleine Myrte

myrtinérvius
mit Blattnerven wie
Myrtus

mysorénsis
Mysore- (Indien)

mystacidioídes
Mystacidium-ähnlich

mýstax
Schnurrbart

myúros
Mäuseschwanz

n

nagéia
nach dem japanischen
Namen einer Podocarpus-
Art

nági
japanischer Pflanzenname
(Myrica, Podocarpus)

nairobénsis
Nairobi- (Kenia)

naktongénsis
Naktong- (Korea)

namaquánus
Namaqua- (Südafrika)

namaquénsis
Namaqua- (Südafrika)

nanhoénsis
von Nan-ho (Kansu,
China)

nankinénsis
Nanking- (China)

nankingénsis
Nanking- (China)

nanothámnus
Zwergbusch-

nánus
zwergig

napáeus
Waldtäler bewohnend

napaulénsis
Nepal- (Himalaya)

napéllus
lateinischer
Pflanzenname: kleine
Rübe

napifórmis
rübenförmig

napínus
rübenartig

napobrássica
lateinischer
Pflanzenname: Rübenkohl

napolitánus
Neapel-

**napúliger, napulígera,
napulígerum**
kleine Rüben tragend

nápus
lateinischer
Pflanzenname: Rübe

narbonénsis
Narbonne- (Frankreich)

narcissiflórus
narzissenblütig

nardifórmis
borstgrasförmig

nárdus
Narde

narthecioídes
Narthecium-ähnlich

nárthex
Staude, Stab

nasturtiifólius
mit Blättern wie
Nasturtium

nastúrtium-aquáticum
Brunnenkresse

nasútus
mit großer Nase

natalénsis
Natal- (Südafrika)

nátans
schwimmend

nátrix
lateinischer Pflanzenname

nauseósus
Ekel erregend

naviculáris
kahnförmig

navioídes
Navia-ähnlich
(Bromeliaceae)

nazasénsis
vom Rio Nazas (Mexiko)

neapolitánus
Neapel-

nebrítes
von Fell umkleidet

nebrodénsis
Nebroden- (Sizilien)

nebulósus
fein, kaum sichtbar

nectarína
Nektarine

negléctus
vernachlässigt

negúndo
Pflanzenname in Indien
(Acer, Vitex)

nejapénsis
Nejapa- (Mexiko,
Oaxaca)

nekbúdu
Pflanzenname in Zaire
(Ficus)

nelumbifólius
mit Blättern wie Nelumbo

nelumbiifólius
mit Blättern wie Nelumbo

nelúmbo
Pflanzenname in Sri
Lanka

nematóphyllus
fadenblättrig

nemausénsis
Nimes- (Südfrankreich)

nemorális
Hain-, Wald-

nemorénsis
Hain-, Wald-

nemorósus
Hain-, Wald-

némorum
Hain-, Wald-

néo-ebúdicus
Vanuatu- (Neue Hebriden)

neoalaskánus
eine neue alaskanus-Art

neocarpetánus
eine neue carpetanus-Art

neocelsiánus
eine neue celsianus-Art

neocinnamómeus
eine neue cinnamomeus-
Art

neocoronárius
eine neue coronarius-Art

neocumíngii
eine neue cumingii-Art

neodioícus
Name einer neuen
zweihäusigen Art

neoguineénsis
Neuguinea-

neomexicánus
Neumexiko- (USA)

neomontánus
1. Aconitum: Neuberg-
(Steiermark, Österreich)
2. Melocactus: eine neue
montanus-Art

neomýstax
eine neue mystax-Art
(Mammillaria)

neopálmeri
eine neue palmeri-Art
(Mammillaria)

neopavónius
eine neu benannte
pavonius-Art

neoperuviánus
eine neue peruvianus-Art

neopotosínus
eine neue potosinus-Art

neoróézlii
eine neue roezlii-Art

neoschéérii
eine neue scheerii-Art

neoschwarzeánus
eine neue schwarzeanus-
Art

neotetragónus
eine neue tetragonus-Art

neotrópicus
neotropisch, aus Süd-
oder Mittelamerika

nepalénsis
Nepal- (Himalaya)

népeta
lateinischer
Pflanzenname:
Katzenminze

nepetélla
kleine Katzenminze

nepetoídes
Nepeta-ähnlich

nephrophýllus
mit nierenförmigen
Blättern

neriiflórus
oleanderblütig

neriifólius
oleanderblättrig

nertchínskius
Nertschinsk- (Sibirien)

nervósus
mit Adern

nesóphilus
Inseln liebend, Insel-

neurólobus
mit geaderten Hülsen

nevadénsis
1. Aquilegia,
Arctostaphylos, Arenaria,
Arnica, Crocus,
Cupressus, Ephedra,
Lewisia, Linaria,
Narcissus, Pinguicula,
Primula, Ranunculus,
Salvia, Saxifraga:
Nevada- (USA);
2. Potentilla: aus der
Sierra Nevada (Spanien)

newryénsis
Newry- (Nordirland)

niamniaménsis
von Niam-Niam (Kongo
und Sudan)

nicaeénsis
Nizza- (Frankreich)

nicaraguénsis
Nicaragua-

nicobáricus
Nikobaren-

nícou
nach dem Namen einer
Lonchocarpus-Art in
Surinam

nidigrolária
Bastard aus Ribes nigrum,
R. divaricatum und R.
uva-crispa (grossularia)

nídulans
Nest bildend

nidularioídes
Nidularium-ähnlich

nidulárius
nestartig

nídus
Nest

nídus-ávis
Vogelnest

nigellástrum
unechte Nigella

níger, nígra, nígrum
schwarz

nígrans
schwarz

nigréscens
schwarz werdend,
schwärzlich

nígricans
schwarz werdend,
schwärzlich

nigrihórridus
schwarzdornig

nígritus
schwarz

nikkoénsis
Nikko- (Japan)

nikoénsis
Nikko- (Japan)

119

níl
blau

nilagíricus
Nilagiri- (Indien)

nilíacus
vom Nil

nilóticus
Nil-

ningpoénsis
Ningpo- (China)

niphoboloídes
Niphobolus-ähnlich
(Polypodiaceae)

niphóbolus
schneebedeckt

niphóphilus
Schnee liebend

nipónicus
japanisch

nippónicus
japanisch

nipposínicus
japanisch-chinesisch

nirúri
Pflanzenname in Indien
(Phyllanthus)

nissólia
nach der Gattung Nissolia

nítens
glänzend

nitidibaccátus
mit glänzenden Beeren

nitídulus
schwach glänzend

nítidus
glänzend

nivális
Schnee-, schneeweiß

níveus
schneeweiß

nivícola
Schneebewohner

nivósus
beschneit, Schnee

nivúlia
Pflanzenname in Indien
(Euphorbia)

njegérre
afrikanischer Name einer
Cissus-Art

nobílior, nobílius
edler, vornehmer

nóbilis
edel, vornehm

noctiflórus
nachts blühend

noctúrnus
nachts blühend

nodiflórus
mit Blüten an den Knoten

nodósus
knotig

nodulósus
mit Knötchen

noelénsis
Noel- (Missouri, USA)

nóli-tángere
nicht berühren!

nón-scríptus
ohne Schriftzeichen auf
der Blüte

nootkaténsis
Nutka- (Kanada)

nóricus
norisch (Ostalpen,
Österreich)

normális
typisch, regelmäßig

norvégicus
norwegisch

notábilis
bemerkenswert

notátus
gekennzeichnet, kenntlich

nóthus
unecht, Bastard-

notiális
südlich

nóvus
neu

nóvae-ángliae
Neuengland- (USA)

nóvae-zelándiae
Neuseeland-

noveboracénsis
aus New York (USA)

nóvi-bélgii
aus Neu Amsterdam
(heute New York)

nóvo-guineénsis
Neuguinea-

novogranaténsis
Kolumbien-

núbius
nubisch

núbicus
nubisch

nubígenus
aus den Wolken
stammend

**núcifer, nucífera,
nucíferum**
Nuss tragend

nucipérsica
Walnuss-Pfirsich

nudicárpus
nacktfrüchtig

nudicáúlis
nacktstängelig

nudicostátus
mit nackten Rippen

nudiflórus
nacktblütig

núdus
nackt

nuecénsis
Nueces- (Texas, USA)

numídicus
numidisch (Nordafrika)

nummulária
1. Alloplectus,
Lysimachia, Neomortonia,
Vaccinium: lateinischer
Pflanzenname:
Pfennigkraut; 2. Atriplex,
Dioscorea, Dischidia,
Hypocyrta, Myrsine,
Myrteola, Myrtus, Pratia,
Veronica: münzenartig

nummarifólius
mit münzenartigen
(kreisrunden) Blättern

nummulariifólius
mit münzenartigen
(kreisrunden) Blättern

nummularioídes
1. Cotoneaster: der C.
nummularius ähnlich;
2. Gaultheria: der G.
nummulariae ähnlich;
3. Hoya: der H.
nummularia ähnlich

nummulárius
münzenartig

nússia
Volksname in Nepal
(Stranvaesia)

nútans
nickend

nutkaénsis
Nutka- (Kanada)

nutkánus
Nutka- (Kanada)

núx-vómica
Brechnuss

nyásicus
Malawi- (Ostafrika)

nyássae
Malawi- (Ostafrika)

nyctagíneus
nächtlich

nyctaginiflórus
mit Blüten wie Mirabilis

nycticállus
Schönheit-der-Nacht-

nycticálus
Schönheit-der-Nacht-

nyikénsis
Nyika- (Kenya)

nyíkae
Nyika- (Kenya)

nymansénsis
aus dem Garten Nymans
(England)

nymphaeifólius
mit Blättern wie
Nymphaea

nymphoídes
Nymphaea-ähnlich

oahuénsis
Oahu- (Hawaii)

oaxacánus
Oaxaca- (Mexiko)

oaxacénsis
Oaxaca- (Mexiko)

obássia
nach dem japanischen
Namen einer Styrax-Art

obconéllus
verkehrt kegelförmig

obcónicus
verkehrt kegelförmig

obcordátus
verkehrt herzförmig

obcordéllus
verkehrt herzförmig

obésus
dick

oblátus
breit rund, verkehrt
eiförmig

oblíquus
schief, schräg

oblongátus
verlängert

oblongifólius
mit verlängerten Blättern

oblóngus
länglich

obovátus
verkehrt eiförmig

obrepándus
leicht gebogen

obscuriénsis
von der Sierra Obscura
(Mexiko)

obscúrus
dunkel

obtusángulus
stumpfwinklig

obtusátus
abgestumpft

obtusiflórus
stumpfblütig

obtusifólius
stumpfblättrig

obtusílobus
stumpflappig

obtusipétalus
mit stumpfen
Kronblättern

obtusiúsculus
stumpflich

obtúsus
stumpf

obvallátus
verhüllt

occidentális
westlich, amerikanisch

occúltus
verborgen

oceánicus
Ozean-

ocellátus
mit Augenfleck

ochnáceus
Ochna-artig

ochoténsis
Ochotsk- (Sibirien)

ochráceus
ockergelb

ochreátus
mit tütenartiger
Blattscheide (Ochrea)

ochroléúcos
gelblich weiß

ochroléúcus
gelblich weiß

óchrus
nach einem griechischen
Pflanzennamen

ochthódes
uneben, rau

ocimoídes
Ocimum-ähnlich

octándrus
mit 8 Staubblättern

octopétalus
mit 8 Kronblättern

octophýllus
mit 8 Blättern

oculátus
mit Augen

óculus-chrísti
Christusauge

óculus-sólis
Sonnenauge

ocymoídes
Ocimum-ähnlich

odessánus
Odessa- (Ukraine)

odóllam
nach einem
Pflanzennamen in Indien
(Cerbera)

odontócalyx
mit gezähntem Kelch

odontolépis
mit gezähnten Schuppen

odontolómus
mit gezähntem Rand

odoratíssimus
stark wohlriechend

odorátus
wohlriechend

**odórifer, odorífera,
odoríferum**
duftend

odórus
duftend

oeconómicus
für den Haushalt, Haus-

óédipus
mit geschwollenem Fuß

oelándicus
Öland- (Schweden)

oenánthemus
mit weinroter Blüte

oenénsis
Inn- (Ostalpen)

oenipontánus
Innsbruck- (Österreich)

officinális
Arznei-

officinárum
der Apotheken

ogéa
liefert Ogea Copal

ohiénsis
Ohio- (USA)

ohioénsis
Ohio- (USA)

okanoganénsis
Okanogan- (Washington,
USA)

okinawénsis
von Okinawa- (Taiwan)

oklahoménsis
Oklahoma- (USA)

olacoídes
Olaca-ähnlich

ólbius
1. Lavatera, Serapias:
Hyères- (Südfrankreich);
2. Begonia: glücklich,
reich

oleánder
Ölbaumrose

oleáster
antiker Name des wilden
Ölbaums

**oléifer, oleífera,
oleíferum**
Öl bildend

oleifólius
ölbaumblättrig

oleifórmis
olivenförmig

oleoídes
Ölbaum-ähnlich

oleósus
ölreich

oleráceus
gemüseartig

olgénsis
von der Olga-Bucht
(Russland, nordöstlich
Wladiwostok)

oligánthus
wenigblütig

oligostáchyus
wenigährig

olitórius
Gemüsegarten-, Küchen-

oliváceus
olivgrün, olivenartig

olivaefórmis
olivenförmig

olivánus
Oliva- (bei Gdansk,
Polen)

olivifórmis
olivenförmig

olmosánus
Olmos- (Peru)

ololéúcos
ganz weiß

olúsatrum
lateinischer Pflanzenname

olýmpicus
olympisch, Olymp-

omasuyánus
Omasuyos- (Bolivien)

omeiénsis
vom Berg Omei
(Setschuan, China)

omiophýllus
mit lauter gleichartigen
Blättern

omórika
serbischer Name einer
Picea-Art

oncidioídes
Oncidium-ähnlich

oncócladus
mit wulstigen Zweigen

onítes
griechischer
Pflanzenname (Origanum)

onobrychioídes
Onobrychis-ähnlich

onóbrychis
griechischer
Pflanzenname: Eselsfutter

onópteris
Eselsfarn

onoseroídes
Onoseris-ähnlich

onústus
überladen

opácus
glanzlos, matt, dunkel

opalínus
opalfarben

ópalus
nach einem neuzeitlichen
Pflanzennamen in Italien
(Acer)

operculátus
mit Deckel

ophiocárpus
mit schlangenartigen
Früchten

ophioglossifólius
mit Blättern wie
Ophioglossum

ophiolíticus
auf Ophiolit (Gestein)

ophiopéllis
Schlangenhaut

ophioscórodon
Schlangenlauch

opobálsamum
Augenbalsam

oppositifólius
mit gegenständigen
Blättern

ópticus
Augen-

óptimus
der beste

opulifólius
schneeballblättrig

ópulus
antiker Pflanzenname:
Feldahorn

opuntioídes
Opuntia-ähnlich

oranénsis
Oran- (Algerien)

órba
Waise

orbélicus
vom Berg Orbelikos
(Griechenland)

orbiculáris
kreisförmig

orbiculátus
kreisförmig

orbifólius
mit kreisförmigen
Blättern

orchidástrum
unechte Orchis

orchídeus
Orchis-artig

orchioídes
Orchis-ähnlich

oreádes
Bergnymphen-

óreas
Bergnymphe

oregánus
Oregon- (USA)

oregónus
Oregon- (USA)

oreibátus
über Berge wandernd

oreínus
Berge bewohnend

orellána
Pflanze vom Maranon
(Peru)

oreocréticus
von den Bergen Kretas

oreodóxus
Zierde der Berge

oreonástes
Bergbewohner

oreopépon
Bergmelone

oreóphilus
Berge liebend

oreopódion
Fuß der Berge

oreópteris
Bergfarn

oreoselínum
nach einem griechischen
Pflanzennamen

oreotháúma
Bergwunder

oreotréphes
Berg-

oreotrephoídes
dem Rhododendron
oreotrephes ähnlich

orésbius
auf Bergen wohnend

orésterus
auf Bergen wohnend

organénsis
Orgelgebirge- (Brasilien)

orgyális
klafterlang

orientális
orientalisch, östlich

origanifólius
mit Blättern wie
Origanum

orinocénsis
Orinoco- (Südamerika)

orlandiánus
Orlando- (Florida, USA)

ornatíssimus
reich geschmückt

ornátus
geschmückt

ornithocéphalus
mit Vogelkopf

ornithopodioídes
1. Carex: der Carex
ornithopoda ähnlich;
2. Lotus, Trifolium:
Ornithopus-ähnlich

ornithópodus
Vogelfuß-

orníthopus
Vogelfuß

ornithorhýnchus
mit Vogelschnabel

órnus
antiker Pflanzenname
(Fraxinus)

oroboídes
Platterbsen-ähnlich

órobus
nach einem griechischen
Pflanzennamen

oróntium
antiker Pflanzenname:
nach dem Fluss Orontes,
Syrien

oroyénsis
Oroya- (Peru)

ortegioídes
Ortegia-ähnlich
(Caryophyllaceae)

orthacánthos
mit geraden Dornen

orthóbotrys
mit gerader Traube

orthócladus
mit geraden Zweigen

orthopétalus
mit aufrechten
Kronblättern

orthopléctron
gerader Sporn

orthorrhýnchus
mit geradem Schnabel

orurénsis
Oruro- (Bolivien)

órvala
nach einem französischen
Pflanzennamen (Lamium)

oryzoídes
Reis-ähnlich

oshiménsis
Oshima- (Japan)

osmundáceus
Osmunda-artig

osséus
mit knochenharten
Knoten

ossífragus
vermutlich: Brüchigkeit
der Knochen hervorrufend

ostrúthium
nach einem
mittelalterlichen
Pflanzennamen

otaiténsis
Tahiti-

otáksa
japanischer Name einer
Hydrangea-Form

otítes
geöhrt

ottawénsis
Ottawa- (Kanada)

otuyénsis
Otuyo- (Bolivien)

ouabáio
Pflanzenname in Somalia
(Acokanthera)

oulótrichus
mit wolligen Haaren

ovalifólius
mit eiförmigen Blättern

ovális
eiförmig

ovátus
eiförmig

óvifer, ovífera, ovíferum
Eier tragend

ovifórmis
eiförmig

**óviger, ovígera,
ovígerum**
Eier tragend, eiförmige
Früchte tragend

ovínus
Schaf-

ovirénsis
vom Berg Obir (Kärnten)

ovoídeus
Ei-ähnlich

owariénsis
Warri- (Nigeria)

oxoniánus
Oxford- (England)

oxyacántha
griechischer
Pflanzenname: Spitzdorn

oxyacanthoídes
Weißdorn-ähnlich

oxycárdius
spitz und herzförmig

oxycárpus
spitzfrüchtig

oxýcedri
auf Juniperus oxycedrus
wachsend

oxýcedrus
antiker Pflanzenname:
spitze Zeder

oxycóccos
griechischer
Pflanzenname: saure
Beere

oxycóccus
saure Beere

oxycostátus
mit scharfen Rippen

oxygónus
scharfkantig

oxýlobus
spitzlappig

oxýodon
Spitzzahn-

oxypétalus
mit spitzen Kronblättern

oxyphýllus
spitzblättrig

oxýpterus
mit spitzen Flügeln

**oxyrrhýnchos,
oxyrrhýnchon**
mit spitzem Schnabel

125

oxyspérmus
mit spitzen Früchten

oxystégius
mit spitzen Deckblättern

oycoviénsis
Ojców- (Polen)

ozarkénsis
vom Ozark-Plateau
(Arkansas und Missouri,
USA)

p

pacalaénsis
Pacala- (Peru)

pachybólbus
mit dicker Zwiebel

pachýcalyx
mit dickem Kelch

pachýceras
mit dickem Horn

pachýclados
mit dicken Zweigen

pachylóbius
dicklappig

pachyphýllus
dickblättrig

pachyphytoídes
Pachyphytum-ähnlich

pachýphytum
dicke Pflanze

pachýpodus
dickstielig

pachýpterus
dickflügelig

páchypus
dickstielig

pachystáchys
mit dicker Ähre

pachystélmus
mit dicker Säule

pacíficus
Pazifik-

padifólius
mit Blättern wie Prunus
padus

pádus
lateinischer Pflanzenname

paedióphilus
Ebenen liebend, in der
Ebene wachsend

paeoniifólius
mit Blättern wie Paeonia

pahangénsis
Pahang- (Malaysia)

pailánus
von der Sierra de Paila
(Mexiko)

palaestínus
Palästina-

paleáceus
mit Spreuschuppen

palinúri
vom Kap Palinuro
(Italien)

pállens
bleich

palléscens
bleich werdend

pallideoliváceus
blass olivgrün

pallidicáúlis
mit blassem Stämgel

pallidiflórus
blassblütig

pallidispínus
mit blassen Dornen

pallídulus
blässlich

pállidus
bleich, blass

palmatífidus
handförmig fiederspaltig

palmatílobus
handförmig gelappt

palmátus
handförmig

palmétto
nach der spanischen
Bezeichnung für eine
Zwergpalme

palmifólius
palmblättrig

palmíta
span. Pflanzenname:
Zwergpalme

paludapifólius
mit Blättern wie Sumpf-
Sellerie

paludósus
Sumpf-

**palúster, palústris,
palústre**
Sumpf-

pamiroaláicus
vom Pamir-Alai-Gebiet
(Zentralasien)

pamparuízii
von der Pampa Ruiz
(Chuquisaca, Bolivien)

pamphýlicus
Pamphylien- (südliche
Türkei)

panaménsis
Panama-

pandanifólius
mit Blättern wie Pandanus

pandoránus
Unheil bringend

pandurátus
geigenförmig

pandurifórmis
geigenförmig

panguicénsis
Panguitch- (Utah, USA)

paníceus
Hirse-

paniculátus
rispig

panlanénsis
von Pan-lan-shan
(Setschuan, China)

pannónicus
ungarisch

pannósus
grobflockig behaart

panzhihuaénsis
Panzhihua- (China)

papasquiarénsis
von Santiago Papasquiaro
(Mexiko)

papáver
nach der Gattung Papaver

papaverifólius
mit Blättern wie Papaver

papáya
Pflanzenname auf den
Karibischen Inseln
(Carica)

papílio
Schmetterling

papilionáceus
schmetterlingsartig

papilláris
warzig

papillátus
warzig

**papíllifer, papillífera,
papillíferum**
Warzen tragend

papillósus
warzig

papuánus
Papua-

papyracánthus
mit papierartigen Dornen

papyráceus
Papyrus-

**papýrifer, papyrífera,
payríferum**
Papier liefernd

papýrus
Papier

parachinénsis
ähnlich der chinensis-
Sippe

paradísi
Paradies-

paradisíacus
Paradies-

paradóxus
seltsam, paradox

paraénsis
Pará- (Nordbrasilien)

paraguariénsis
Paraguari- (Paraguay)

paraguayénsis
Paraguay-

paraguénsis
Paraguay-

paráhybus
Parahyba-Fluss-
(Ostbrasilien)

parálias
griechischer
Pflanzenname:
Küstenbewohner

127

paramutábilis
Art neben Hibiscus
mutabilis

parapetiénsis
vom Rio Parapeti
(Bolivien)

parasíticus
Schmarotzer-

parciramulósus
sparsam verzweigt

pardaliánches
antiker Pflanzenname

pardalínus
pantherartig gefleckt

pardanthínus
Pantherblumen-

pardícolor
pantherartig gefärbt

pardínus
pantherartig gefleckt

paridénsis
Parida- (Mexiko)

parietális
an Mauern

parisiénsis
von Paris

parnássi
vom Parnass
(Griechenland)

parnássicus
vom Parnass
(Griechenland)

parnassifólius
mit Blättern wie Parnassia

parnassiifólius
mit Blättern wie Parnassia

párqui
Pflanzenname in Chile
(Cestrum)

parrasánus
von der Sierra de Parrás
(Mexiko)

parthenifólius
mit Blättern wie
Parthenium

parthenioídes
Parthenium-ähnlich

parthénium
antiker Pflanzenname:
Jungfrauenpflanze

parthenopípes
Voyeur (griechische
Übersetzung des Namens
des Entdeckers R. M.
Harley)

partítus
geteilt

párvus
klein

parvibracteátus
mit kleinen Deckblättern

párviceps
mit kleinen Köpfen

parviflórus
kleinblütig

parvifólius
kleinblättrig

parvimámmus
mit kleinen Warzen

párvulus
ziemlich klein

pasacánus
nach einem
Pflanzennamen in
Argentinien

pasopayánus
Pasopaya- (Bolivien)

paspaloídes
Paspalum-ähnlich

passerínus
Sperlings-

pastináceus
pastinakartig

patacocénsis
Patacocha- (Kolumbien)

patagónicus
Patagonien-

patágua
Pflanzenname in Chile
(Crinodendron)

patavínus
Padua- (Italien)

pátchouli
Pflanzenname in Indien
(Pogostemon)

pátens
offen, abstehend

paterícalyx
mit tellerförmiger
Blütenhülle

patiéntia
nach dem französischen
Namen einer Rumex-Art

pátulus
offen, ausladend

pauciareolátus
mit wenigen Feldern

pauciflórus
wenigblütig

paucifólius
wenigblättrig

paucinérvis
wenignervig

pauciramósus
wenigästig

paucispinósus
mit wenigen Dornen

paucispínus
mit wenigen Dornen

paulénsis
von Sao Paulo (Brasilien)

páúlus
der kleine

paupérculus
kümmerlich

pávia
nach der Gattung Pavia

pavonínus
pfauenbunt

pavónis
des Pfaus

pavónius
pfauenbunt

paznaénsis
Pazna- (Oruro, Bolivien)

pécan
Pflanzenname in
Nordamerika (Carya)

pécten-aboríginum
Kamm der Eingeborenen

pécten-véneris
Venuskamm

pectenoídes
Kamm-ähnlich

pectinátus
kammartig

**pectínifer, pectinífera,
pectiníferum**
Kamm tragend

pectinifórmis
kammförmig

pedatoradiátus
fußförmig gefingert

pedátus
fußförmig

pedemontánus
Piemont- (Italien)

pedicellátus
mit gestielten Blüten

pedifórmis
fußförmig

pedunculáris
mit gestielter Blüte, mit
gestieltem Blütenstand

pedunculátus
mit gestielter Blüte, mit
gestieltem Blütenstand

pedunculósus
mit vielen
Blütenstandsstielen

pekinénsis
Peking-

pelargoniiflórus
mit Blüten wie
Pelargonium

pelecyrháchis
mit beilförmigen Rippen

pelegrínus
Pflanzenname in Peru
(Alstroemeria)

peliorhýnchus
mit dunkelblauem
Schnabel

pellítus
pelzartig

pellúcens
durchscheinend

pellúcidus
durchsichtig

peloponnesíacus
Peloponnes-
(Griechenland)

peltátus
schildförmig

peltifólius
mit schildförmigen
Blättern

peltóphorus
Schild tragend

pelvifórmis
schüsselförmig

pemakoénsis
Pemako- (Tibet)

penduliflórus
mit hängenden Blüten

pendulínus
hängend

pendulispícus
mit hängenden Ähren

péndulus
hängend

penicilláris
pinselartig

penicillátus
pinselartig

peniculínus
schwammartig

penínsulae
Halbinsel- (Baja
California, Mexiko)

peninsuláris
Halbinsel-

pénna-marína
Meerfeder

pennatifólius
mit gefiederten Blättern

pennátus
gefiedert

pénniger, pennígera, pennígerum
Feder tragend

penninérvis
fiedernervig

pennispinósus
mit gefiederten Dornen

pennsylvánicus
Pennsylvania- (USA)

penrhosiénsis
Penrhos- (Wales)

pénsilis
hängend

penstemonoídes
Penstemon-ähnlich

pensylvánicus
Pennsylvania- (USA)

pentacánthus
fünfstachelig

pentadáctylis
fünffingerig

**pentadáctylos,
pentadáctylos,
pentadáctylon**
fünffingerig

pentadáctylus
fünffingerig

pentaedróphorus
Fünfflächner tragend

pentagónius
Pflanze mit fünfeckigen
Knospen

pentagónus
fünfkantig

pentágynus
fünfgriffelig

pentálobus
fünflappig

pentalóphus
mit 5 Kämmen

pentámerus
fünfteilig

pentándrus
mit 5 Staubblättern

pentánthus
fünfblütig

pentapétalus
mit 5 Kronblättern

pentaphlébius
mit 5 Adern

pentaphylléus
fünfblättrig

pentaphýllos
fünfblättrig

pentaphýllus
fünfblättrig

pentótis
mit 5 Ohren

peperomioídes
Peperomia-ähnlich

peploídes
1. Crassula: Honckenya-
ähnlich; 2. Euphorbia: der
Euphorbia peplus ähnlich;
3. Honckenya, Ludwigia:
Portulak-ähnlich

péplus
nach einem griechischen
Pflanzennamen
(Euphorbia)

pépo
Kürbis

peponifólius
kürbisblättrig

perádo
spanischer Pflanzenname
auf den Kanarischen
Inseln (Ilex)

peraffínis
nahe verwandt

perbéllus
sehr schön

percárneus
sehr fleischig

percrássus
sehr dick

peregrínus
fremd

perélegans
sehr zierlich

perénnis
ausdauernd

peréskia
nach der Gattung Pereskia

pereskiifólius
mit Blättern wie Pereskia

perfoliátus
mit durchwachsenen
Blättern

perforátus
durchlöchert

perfóssus
durchbohrt

perianthómegus
mit großer Blüte

periclymenoídes
Geißblatt-ähnlich

periclýmenum
nach einem griechischen
Pflanzennamen

periplocifólius
mit Blättern wie Periploca

permutátus
vertauscht, verwechselt

pernambucénsis
Pernambuco- (Brasilien)

perpléxans
verblüffend, verwirrend

perpusíllus
sehr klein

perrálchicus
Bastard aus Epimedium
perralderianum und
E. colchicum

perscándens
stark kletternd
(Spreizklimmer)

persicária
lateinischer
Pflanzenname:
pfirsichblättrige Pflanze

persicifólius
pfirsichblättrig

persicínus
Pfirsich-

pérsicus
persisch, bei Prunus:
Pfirsich

persímilis
sehr ähnlich

persístens
dauerhaft

persolútus
sehr locker

personátus
maskiert

pertúsus
durchbrochen

peruénsis
Peru-

perulátus
mit Knospenschuppen

peruviánus
Peru-

pervíridis
intensiv grün

pés-cáprae
Ziegenfuß

**péstifer, pestífera,
pestíferum**
Verderben bringend,
unangenehm

petasitifólius
mit Blättern wie Petasites

petasítis
Pestwurz-

petioláris
mit gestielten Blättern

petiolátus
mit gestielten Blättern

petóla
malayischer
Pflanzenname (Macodes)

petráéus
Felsen-

petrícola
Felsbewohner

petrophiloídes
Petrophila-ähnlich

petróphilus
Fels liebend

petropolitánus
von Petropolis (bei Rio de
Janeiro)

petroselíni
Petersilie-

petrósus
feslig, steinig

petunioídes
Petunia-ähnlich

petzénsis
Petzen- (Karawanken)

péúce
Fichte

peucedanifólius
mit Blättern wie
Peucedanum

peucedanoídes
Peucedanum-ähnlich

pexátus
mit Wollkleid

phaeacánthus
mit schwarzbraunen
Dornen

phaenópyrum
mit sichtbaren Körnern

phaeocárpus
mit schwarzbraunen
Früchten

phaeochlórus
braun und grün

phaeochrýsus
goldbraun

pháéus
schwarzbraun

phalaenópsis
nach der Gattung
Phalaenopsis
(Orchidaceae)

phalerátus
geschmückt

phaseoloídes
Bohnen-ähnlich

phatnospérmus
mit vertieften Samen

phegópteris
Buchenfarn

phellándrium
antiker Pflanzenname

phellándrus
Phellandren enthaltend

131

phellománus
mit starker Korkbildung

phéllos
Kork, Korkeiche

philadélphicus
Philadelphia- (USA)

philippénsis
Philippinen-

philippinénsis
Philippinen-

philippínus
Philippinen-

phillyraeoídes
Phillyrea-ähnlich

phillyreoídes
Phillyrea-ähnlich

phlebótrichus
mit behaarten Adern

phleoídes
Phleum-ähnlich

phlogiflórus
mit Blüten wie Phlox

phlogifólius
mit Blättern wie Phlox

phlogopáppus
mit rötlicher Federkrone

phlomoídes
Phlomis-ähnlich

phoeníceus
purpurn, scharlachrot

phoenicódus
Purpur-

phoenicoídes
Phoenix-ähnlich
(Phoenix, alter
Pflanzenname)

phoenicolásius
purpurzottig

phragmitoídes
Schilf-ähnlich

phrýgius
phrygisch (Türkei)

phryniifólius
mit Blättern wie
Phrynium

phrynioídes
Phrynium-ähnlich

phú
arabischer Name einer
Valeriana-Art

phuréja
Name einer Solanum-Art
in Bolivien

phylicifólius
mit Blättern wie Phylica

phyllacánthus
mit blattartigen Dornen

phyllamphórus
mit Kannen am Blatt

phyllánthes
mit blattreichem
Blütenstand

phyllanthoídes
Phyllanthus-ähnlich

phyllítidis
Hirschzungen-

phyllomaníacus
übermäßig Blätter
treibend

phyllostáchyus
mit beblätterten Ähren

phymatochílus
mit wulstiger Lippe

phymatothélos
mit Höckerwarzen

physalifólius
mit Blättern wie Physalis

physalódes
Physalis-ähnlich

physaloídes
Physalis-ähnlich

physocárpus
mit aufgeblasener Frucht

phytéúma
griechischer
Pflanzenname

piassába
Pflanzenname in Brasilien
(Leopoldinia)

pícea
lateinischer
Pflanzenname: Fichte

píchta
nordrussischer Name für
Abies sibirica

pícridis
Picris-

picroídes
Picris-ähnlich

pictavénsis
Poitiers- (Frankreich)

pictaviénsis
Poitiers- (Frankreich)

picturátus
gefleckt, gezeichnet

píctus
gefleckt, gezeichnet

pikoviénsis
Pikov- (Ukraine)

pilcomayénsis
Pilcomayo- (Bolivien)

pileátus
mit Hut

pilénsis
Pila- (bei San Luis Potosí,
Mexiko)

pilícalyx
mit behaartem Kelch

**pílifer, pilífera,
pilíferum**
Haar tragend

pilocárpus
mit behaarten Früchten

pilosélla
nach einem
mittelalterlichen
Pflanzennamen

piloselloídes
dem Hieracium pilosella
ähnlich

pilósior, pilósius
stärker behaart

pilosíssimus
stark behaart

pilosiúsculus
feinhaarig

pilósus
behaart, haarig

piluláris
pillenartig

pilulíferus
kleine Kugeln tragend

pímela
nach der Gattung Pimela
(Burseraceae)

pimeleoídes
Pimelea-ähnlich
(Thymelaeaceae)

pimpinellifólius
bibernellblättrig

pimpinelloídes
Pimpinella-ähnlich

pináster
unechte Kiefer

pindícola
Bewohner des
Pindusgebirges
(Griechenland)

píndrow
hindustanischer Name
einer Abies-Art

pínea
Pinie

pinetórum
der Kiefernwälder

pinguifólius
fettblättrig

pínguin
Pflanzenname in
Westindien (Bromelia)

pinifólius
kiefernblättrig

pininána
Name einer Echium-Art
auf den Kanarischen
Inseln

pinnatífidus
fiederspaltig

pinnatifólius
mit gefiederten Blättern

pinnatistípulus
mit gefiederten
Nebenblättern

pinnátus
gefiedert

pinsápo
Pflanzenname in Spanien
(Abies)

piperáscens
Pfefferminz-ähnlich

piperítus
gepfeffert, pfefferartig

piraretaénsis
Pirareta- (Paraguay)

piriapolisénsis
Piriapolis- (Uruguay)

piscidérmis
mit Fischhaut

piscípula
Fische fangende Pflanze

pisídicus
Pisidien- (Südwest-
Türkei)

**písifer, pisífera,
pisíferum**
Erbsen tragend

pisifórmis
Erbsen-ähnlich

pisocárpus
mit Erbsen-ähnlichen
Früchten

pistolóchia
antiker Pflanzenname

pistorínia
nach der Gattung
Pistorinia

pitánga
Name von Eugenia-Arten
in Uruguay

pitayénsis
Pitayo- (Kolumbien)

pitcairniifólius
mit Blättern wie Pitcairnia

pittosporifólius
mit Blättern wie
Pittosporum

plácitus
angenehm

plagionéurus
mit schiefen Adern

plagiospérmus
mit schiefen Samen

plánus
flach

plániceps
flachköpfig

planicúlmis
mit flachem Halm

planifólius
flachblättrig

plánipes
flachstielig

planipétalus
mit flachen Kronblättern

planiscápus
mit flachem Schaft

planisíliquus
mit flachen Schoten

planispínus
flachdornig

plantagíneus
wegerichartig

plantaginifólius
wegerichblättrig

plantágo-aquática
Wegerich im Wasser

plantierénsis
Plantières- (bei Metz,
Frankreich)

plánus
flach

platanifólius
platanenblättrig

platanoídes
Platanen-ähnlich

platénsis
vom La Plata
(Argentinien)

platinospínus
mit platinartigen Dornen

platyacánthus
mit breiten Dornen

platyánthus
mit breiten Blüten

platycárpos
mit breiten Früchten

platycéntrus
mit breitem Sporn

platýceras
mit breitem Horn

platychéílus
mit breiter Lippe

platycládius
mit flachen Sprossen

platýcladus
mit flachen Sprossen

platyglóssus
mit breiter Zunge

platýlepis
mit breiten Schuppen

platynéma
mit breiten Staubfäden

platynéúros
breitnervig

platypétalus
mit breiten Kronblättern

platyphylloídes
der Ilex platyphylla
ähnlich

platyphýllos
breitblättrig

platyphýllus
breitblättrig

platýpodus
mit breitem Fuß

platýpterus
breit geflügelt

platyspérmus
breitsamig

platytýreus
wie breiter Käse

plectostáchyus
mit gedrehten Ähren

plegmatoídes
Zopf-ähnlich

pleiánthus
dichtblütig

pleiospérmus
dichtsamig

pleniflórus
gefüllt blühend

plénus
voll, gefüllt

plicátilis
faltbar

plicátus
gefaltet

plumárius
federartig

plumbaginifólius
mit Blättern wie
Plumbago

plumbaginoídes
Plumbago-ähnlich

plúmbeus
bleigrau

plúmeus
flaumig

plumósus
federig

pluricáúlis
mit vielen Stängeln

pluriflórus
vielblütig

plurifoliolátus
mit vielen Blättchen

pluríjugus
mit vielen Blattpaaren

pluripinnátus
mit zahlreichen Fiedern

pluviális
Regen-

pneumonánthe
Lungenblume

podagrária
lateinischer
Pflanzenname: Gichtkraut

podágricus
geschwollen

podalyriifólius
mit Blättern wie Podalyria

podánthus
mit gestielten Blüten

podocárpus
mit gestielten Früchten

podólicus
podolisch (Ukraine)

podophýllus
mit gestielten Blättern

poecilodérmus
mit gesprenkeltem
Überzug

poetárum
Dichter-

poétaz
Bastard aus Narcissus
poeticus und N. tazetta

poéticus
poetisch

pogonioídes
Pogonia-ähnlich
(Orchidaceae)

pohuashanénsis
Pohuashan- (China)

pojoénsis
von Puento Pojo
(Cochabamba, Bolivien)

polésicus
Polesje- (Ukraine)

polifólius
mit Blättern wie Teucrium
polium

poliifólius
mit Blättern wie Teucrium
polium

poliopéplus
mit grauem Gewand

poliophýllus
graublättrig

polítus
glänzend

pólium
nach einem griechischen
Pflanzennamen

polónicus
polnisch

polyacánthus
mit vielen Dornen oder
Stacheln

polyadénius
mit vielen Drüsen

polyancístrus
mit vielen Haken

polyándrus
mit vielen Staubblättern

polyanthemoídes
dem Ranunculus
polyanthemos ähnlich

polyanthemophýllus
mit Blättern wie
Ranunculus polyanthemos

polyánthemos
vielblütig

polyánthes
vielblütig

polyánthos
vielblütig

polyánthus
vielblütig

polyblépharus
mit vielen Wimpern
(Spreuschuppen)

polybótryus
mit vielen Trauben

polybrácteus
mit vielen Deckblättern

polycárpos
vielfrüchtig

polycárpus
vielfrüchtig

polycéphalus
vielköpfig

polychrómus
vielfarbig

polýcladus
mit vielen Zweigen

polydáctylos
vielfingerig

polyédrus
vielflächig

polygalifólius
mit Blättern wie Polygala

polýgamus
Pflanze mit
eingeschlechtigen und mit
Zwitterblüten

polygónatum
nach der Gattung
Polygonatum (Liliaceae)

polygonifólius
mit Blättern wie
Polygonum

polygonoídes
Polygonum-ähnlich

polygónus
mit vielen Kanten

polýlepis
mit vielen Schuppen

polýlophus
mit vielen Kämmen

polymórphus
vielgestaltig

polynéúrus
vielnervig

polypétalus
mit vielen Kronblättern

polyphýllus
vielblättrig

polypodioídes
Polypodium-ähnlich

polýraphis
vielnadelig

polyrhízus
vielwurzelig

polyrrhízus
vielwurzelig

polysépalus
mit zahlreichen
Kelchblättern

polyspérmus
vielsamig

polystáchios
vielährig

polystáchyus
vielährig

polystichoídes
Polystichum-ähnlich

polýstichos
vielzeilig

polystíctus
mit vielen Punkten

polythéle
vielwarzig

polytrichioídes
Polytrichum-ähnlich
(Moos)

polýtrichus
mit vielen Haaren

pomanénsis
Poman- (Argentinien)

pomeránicus
Pommern-

pomeridiánus
nachmittags blühend

**pómifer, pomífera,
pomíferum**
Äpfel tragend

pompóna
Pflanzenname in Mexiko
(Vanilla)

pompónius
prächtig

ponapénsis
Ponape- (Karolinen,
Mikronesien)

ponderósus
gewichtig

pónticus
Schwarzmeer-

popayanénsis
Popayan- (Kolumbien)

populifólius
pappelblättrig

popúlneus
pappelartig

porcínus
Schweine-

porophýllus
porenblättrig

pórpax
Handgriff eines Schildes

porphyroblástus
mit purpurnen Knospen

porphyrócalyx
mit purpurnem Kelch

porphyrocárpus
purpurfrüchtig

porphyroglóssus
mit purpurner Zunge

porphyrophýllus
purpurblättrig

porphyrostéle
mit purpurner Säule

porréctus
ausgestreckt

porrifólius
mit Blättern wie Allium
porrum

porrigentifórmis
Sorbus-porrigens-förmig

porrosquámeus
mit Zwiebelschuppen

pórrum
lateinischer
Pflanzenname: Lauch

porténsis
Porto- (Portugal)

portlándicus
von der Isle of Portland
(Südengland)

portoricénsis
von Puerto Rico

pórtula
Portulak-

portulacástrum
unechter Portulak

portuláceus
Portula-ähnlich
(Lythraceae)

136

portulacoídes
Portulak-ähnlich

potamóphilus
Fluss-

potatórum
Trinker-

potentillínus
Potentilla-artig

potentilloídes
Potentilla-ähnlich

poterioídes
Poterium-ähnlich

potosiénsis
Potosi- (Mexiko)

potosínus
Potosi- (Bolivien)

potsdamiénsis
aus Potsdam

poukhanénsis
von Pouk Han (Korea)

praeáltus
sehr hoch

práécox
frühzeitig

praecúrrens
Ausläufer bildend,
besiedelnd

praelóngus
sehr lang

praemórsus
abgebissen

práénitens
stark glänzend

praepínguis
sehr fett

praesígnis
ausgezeichnet

práéstans
vortrefflich

praetéritus
übersehen, vergessen

praetermíssus
übersehen, vergessen

praetéxtus
geschmückt

praetutiánus
Abruzzen- (Italien)

praeústus
vorn angebrannt

pragénsis
Prag- (Tschechien)

prasinócalyx
mit lauchgrünem Kelch

praténsis
Wiesen-

praterícola
Präriebewohner

precatórius
Gebets-

précius
mit vor den Blättern
erscheinenden Blüten

prehénsilis
eine Stütze ergreifend

prenanthoídes
Prenanthes-ähnlich

prénjus
vom Prenja-Planina-
Gebirge (Bosnien)

préptus
ausgezeichnet

prestoánus
Presto- (Bolivien)

prestoénsis
Presto- (Bolivien)

pretoriénsis
Pretoria- (Südafrika)

primavéris
des Vorfrühlings

prímula
nach der Gattung Primula

primuliflórus
primelblütig

primulifólius
primelblättrig

primulínus
primelartig

primuloídes
Primel-ähnlich

prínceps
fürstlich, der erste

príncipe
Fürst-

príncipis
des Fürsten

prinoídes
Stechpalmen- oder
Steineichen-ähnlich

prinophýllus
mit Blättern wie Quercus
prinus

prínus
antiker Name von
Steineiche und
Stechpalme

prionítis
sägeförmig

prionódes
Säge-ähnlich

prionótes
gesägt

prismáticus
prismatisch

prismatocárpus
mit prismaförmigen
Früchten

proboscídeus
rüsselartig

próbus
tüchtig (gut für Kultur)

procérus
schlank, hoch

procúmbens
niederliegend

procúrrens
mit Ausläufern

prólifer, prolífera,
prolíferum
Brut bildend

prolíferus
Brut bildend

prolíficus
sprossend, Brut bildend

prophánthus
sichtbar (auffallend groß)

propínquus
nahe verwandt

prórepens
kriechend

proserpinacoídes
Proserpinaca-ähnlich

prostrátus
niederliegend

proteoídes
Protea-ähnlich

protístus
der allererste, der
allerbeste

protolaciniátus
Vorstufe von (Syringa)
laciniata

prototýpicus
ursprünglich, typisch

provinciális
Provence- (Südfrankreich)

pruhoniciánus
Pruhonice- (bei Prag,
Tschechien)

pruinátus
bereift

pruinósus
bereift

prunelloídes
Prunella-ähnlich

prúnifer, prunífera,
pruníferum
Pflaumen tragend

prunifólius
pflaumenblättrig

prunifórmis
pflaumenförmig

prúriens
Jucken hervorrufend

pruténicus
preußisch

psammógenus
auf Sand

psammóphilus
Sand liebend

pseudacanthólimon
falsches Acantholimon

pseudácorus
falscher Kalmus

pseudalhági
falscher Kameldorn

pseudalpínus
falsche alpinus-Art

pseudarméria
falsche Armeria

pseudepidéndrus
falsche Epidendrum-Art

pseudibéricus
falsche ibericus-Art
(Cyclamen)

pséúdo-oerstédii
falsche oerstedii-Art
(Passiflora)

pseudoacácia
falsche Akazie

pseudoaemygdiánus
falsche aemygdianus-Art
(Heliconia)

pseudoalaménsis
falsche alamensis-Art
(Mammillaria)

pseudoalpínus
falsche alpinus-Art
(Rumex)

pseudoambíguus
falsche ambiguus-Art
(Crataegus)

pseudoarenárius
falsche arenarius-Art
(Onosma)

pseudobakonyénsis
falsche bakonyensis-Art
(Sorbus)

pseudobaselloídes
falsche baselloides-Art
(Boussingaultia)

pseudoblaauwiánus
falsche blaauwianus-Art
(Notocactus)

pseudobracteátus
scheinbar mit
Deckblättern

pseudobracteósus
scheinbar mit
Deckblättern

pseudobrizoídes
falsche brizoides-Art
(Carex)

pseudoburuánus
falsche buruanus-Art
(Euphorbia)

pseudocachénsis
falsche cachensis-Art
(Lobivia)

pseudocáctus
falscher Kaktus

pseudocaméllia
Scheinkamelie

pseudocándicans
falsche candicans-Art

pseudocanéscens
falsche canescens-Art
(Papaver)

pseudocantábricus
falsche cantabricus-Art
(Convolvulus)

pseudocápsicum
falsches Capsicum

pseudocaucásicus
falsche caucasicus-Art
(Iris)

pseudocérasus
falsche cerasus-Art
(Prunus)

pseudochrysánthus
falsche chrysanthus-Art

pseudociliícalyx
falsche ciliicalyx-Art
(Rhododendron)

pseudocinnabárinus
falsche cinnabarinus-Art
(Lobivia)

pseudocoquimbánus
falsche coquimbanus-Art
(Copiapoa)

pseudocríspus
falsche crispus-Art
(Tephroseris)

pseudocrucígerus
falsche crucigerus-Art
(Mammillaria)

pseudocypérus
falsches Zypergras

pseudocýtisus
falscher Geißklee

pseudodalmáticus
falsche dalmaticus-Art
(Festuca)

pseudodeminútus
falsche deminutus-Art

pseudodictámnus
falscher Diptam

pseudodúrus
falsche durus-Art
(Festuca)

pseudoéchinus
falsche echinus-Art
(Coryphantha)

pseudoelátior
falsche elatior-Art
(Primula)

pseudofénnicus
falsche fennicus-Art
(Sorbus)

pseudofórsteri
falsche forsteri-Art

pseudofossulátus
falsche fossulatus-Art
(Oreocereus)

pseudofúnkii
falsche funkii-Art
(Sempervivum)

pseudogínseng
falsche ginseng-Art
(Panax)

pseudoglobósus
falsche globosus-Art
(Euphorbia)

pseudoglóbulus
falsche globulus-Art
(Eucalyptus)

pseudoglutinósus
falsche glutinosus-Art
(Pelargonium)

pseudográécus
falsche graecus-Art
(Cyclamen)

pseudograndiflórus
falsche grandiflorus-Art
(Pelargonium)

pseudoheldréíchii
falsche heldreichii-Art
(Acer)

pseudohemispháéricus
falsche hemisphaericus-
Art (Crassula)

pseudohénryi
falsche henryi-Art

pseudoheterophýllus
falsche heterophyllus-Art
(Crataegus)

pseudoidáéus
falsche Himbeere

pseudoinsígnis
falsche insignis-Art
(Discocactus)

pseudointegrifólius
falsche integrifolius-Art
(Meconopsis)

pseudokrainziánus
falsche krainzianus-Art
(Rebutia)

pseudoláévis
falsche laevis-Art
(Saxifraga)

pseudolanuginósus
falsche lanuginosus-Art
(Thymus)

pseudolittorális
falsche littoralis-Art
(Hoya)

pseudolycopodioídes
falsche lycopodioides-Art
(Crassula)

pseudomacrochéle
falsche macrochele-Art

pseudomás
falscher Dryopteris filix-
mas

pseudomelanocárpus
falsche melanocarpus-Art
(Crataegus)

pseudomelanostéle
falsche melanostele-Art

pseudomícans
falsche micans-Art
(Tillandsia)

pseudomultiflórus
falsche multiflorus-Art
(Cotoneaster)

pseudomúscari
falsches Muscari

pseudonánus
falsche nanus-Art
(Globularia)

pseudonarcíssus
falsche Narzisse

pseudonatronátus
auf Böden wachsend, die
anscheinend
Natriumkarbonat
enthalten

pseudonebrównii
falsche nebrownii-Art
(Caralluma)

pseudonickélsae
falsche nickelsae-Art
(Coryphantha)

pseudonígricans
falsche nigricans-Art

pseudoparasíticus
scheinbar schmarotzend

pseudopectinátus
falsche pectinatus-Art

pseudoperbéllus
falsche perbellus-Art
(Mammillaria)

pseudopetiolátus
falsche petiolatus-Art
(Hypericum)

pseudophragmítes
falsches Schilf

pseudophrýgius
falsche phrygius-Art
(Centaurea)

pseudophyllomaníacus
falsche phyllomaniacus-
Art (Begonia)

pseudoplátanus
falsche Platane

pseudoprocúmbens
falsche procumbens-Art
(Cytisus)

pseudopulchérrimus
falsche pulcherrimus-Art
(Frailea)

pseudopúmilus
falsche pumilus-Art (Iris)

pseudopurpúreus
falsche purpureus-Art
(Calamagrostis)

pseudopútus
falsche putus-Art
(Penstemon)

pseudoradiátus
falsche radiatus-Art
(Philodendron)

pseudoráíneri
falsche raineri-Art
(Campanula)

pseudoreticulátus
falsche reticulatus-Art
(Vitis)

pseudorhús
falscher Rhus

pseudosabína
falsche sabina-Art
(Juniperus)

pseudosánctus
falsche sanctus-Art
(Saxifraga)

pseudoscáber
schwach rau

pseudoscabriúsculus
falsche scabriusculus-Art
(Rosa)

pseudoschiedeánus
falsche schiedeanus-Art
(Mammillaria)

pseudoschínseng
falsche schinseng-Art
(Panax)

pseudoscrippsiánus
falsche scrippsianus-Art
(Mammillaria)

pseudosieboldiánus
falsche sieboldianus-Art
(Acer)

pseudosikkiménsis
falsche sikkimensis-Art
(Primula)

pseudosímplex
falsche simplex-Art
(Mammillaria)

pseudospathulátus
falsche spathulatus-Art
(Alstroemeria)

pseudospectábilis
falsche spectabilis-Art
(Penstemon)

pseudostróbus
falsche Pinus strobus

pseudostúemeri
falsche stuemeri-Art
(Parodia)

pseudosúber
falsche suber-Art
(Quercus)

pseudothapsifórmis
falsche thapsiformis-Art
(Verbascum)

pseudothomínei
falsche Bromus thominei

pseudothuringíacus
falsche thuringiacus-Art
(Sorbus)

pseudotigrínus
falsche trigrinus-Art
(Lilium)

pseudotinctórius
falsche tinctorius-Art
(Indigofera)

pseudotruncatéllus
scheinbar gestutzt

pseudotuberósus
falsche tuberosus-Art
(Euphorbia)

pseudotúrneri
falsche turneri-Art
(Quercus)

pseudouliginósus
falsche Sesleria uliginosa

pseudovariegátus
falsche variegatus-Art
(Peperomia)

pseudoversícolor
falsche versicolor-Art
(Haageocereus)

pseudovínus
falsche ovinus-Art
(Festuca)

pseudovíola
falsches Veilchen

pseudovirgátus
falsche virgatus-Art
(Euphorbia)

pseudoviscósus
falsche viscosus-Art
(Petrocoptis)

pseudovulnerária
falsche vulneraria-Art
(Anthyllis)

pseudoyanthínus
falsche yanthinus-Art
(Rhododendron)

psilánthus
mit kahler Blüte

psilophýllus
mit kahlen Blättern

psilóstachys
mit kahlen Ähren

psilostáchyus
mit kahlen Ähren

psilostémon
mit kahlen Staubblättern

psilúrus
nacktes Anhängsel

psittácinus
papageienfarbig

psittacoídes
Papageien-ähnlich

psittacórum
der Papageien

psoraleoídes
Psoralea-ähnlich

psoralioídes
Psoralea-ähnlich

psoraloídes
Psoralea-ähnlich

psýllium
lateinischer
Pflanzenname: Flohkraut

ptármica
Niesen erregende Pflanze

ptarmiciflórus
mit Blüten wie Achillea
ptarmica

ptarmicoídes
der Achillea ptarmica
ähnlich

pteracánthus
mit geflügelten Dornen

pteragónis
Bastard aus Rosa
omeiensis f. pteracantha
und R. hugonis

pteránthus
mit geflügelter Blüte

pteridifólius
mit Blättern wie Pteris

pteridioídes
Pteridium-ähnlich

pterocárpus
mit geflügelten Früchten

pterócladon
geflügelter Zweig

pterogónus
mit geflügelten Kanten

pteronéúrus
flügelnervig

pteropetiolátus
mit geflügeltem Blattstiel

141

pteróphorus
Flügel tragend

ptéropus
mit geflügeltem Stiel

pterygospérmus
mit geflügelten Samen

púbens
behaart

púber, púbera, púberum
behaart

pubérulus
schwach flaumig

púbes
mit flaumigem Haar

pubéscens
behaart, flaumhaarig

pubícalyx
mit flaumigem Kelch

púbiger, pubígera, pubígerum
Flaum bildend

pubispínus
mit behaarten Dornen

pucaraénsis
Pucara- (Peru)

púchury-májor
nach einem
Pflanzennamen in
Brasilien (Ocotea)

pudibúndus
verschämt, errötend

púdicus
schamhaft

pueblénsis
Puebla- (Mexiko)

pugionacánthus
mit dolchartigen Dornen

pugionifórmis
dolchförmig

pugnifórmis
faustförmig

pulchéllus
niedlich

púlcher, púlchra, púlchrum
schön

pulchérrimus
sehr schön

pulchrícolor
mit schöner Farbe

pulegioídes
der Mentha pulegium
ähnlich

pulégium
nach einem antiken
Pflanzennamen

pulicáris
flohartig

pulloídes
der Campanula pulla
ähnlich

púllus
schwärzlich, dunkel

pulmonarioídes
Lungenkraut-ähnlich

pulquinénsis
Pulqui- (Bolivien)

pulsatílla
lateinischer
Pflanzenname: Kuhglocke

pulveruléntus
voller Staub, bestäubt

pulvináris
Polster-

pulvinátus
Polster-

pulvíniger, pulvinígera, pulvinígerum
Polster bildend

pulvinósus
stark gepolstert

pumílio
Zwerg

pumiliórum
der Zwerge

púmilus
niedrig

púnae
Puna- (Anden)

punctátus
punktiert

punctilóbulus
lappig und punktiert

punctórius
stechend

punctulátus
fein punktiert

púngens
stechend

puniceodíscus
mit rotem Griffel

puníceus
granatrot

punicifólius
mit Blättern wie Punica

punjabénsis
Pandschab- (Pakistan)

purálbus
rein weiß

púrga
abführend, Abführmittel

púrgans
abführend

purpuráscens
purpurn werdend

purpurátus
purpurn überlaufen

purpuréllus
hellpurpurn

purpureoálbus
purpurn und weiß

purpureoaurátus
purpur-golden

purpureobrácteus
mit purpurnen
Deckblättern

purpureocaerúleus
purpurblau

purpureocoerúleus
purpurblau

purpureocróceus
purpurn und gelb

purpureofúscus
purpurbraun

purpureomaculátus
purpurn gefleckt

purpureominiátus
rot bis zinnoberrot

purpureopilósus
purpurn behaart

purpureoróseus
purpurrosa

purpureospléndens
purpurn glänzend

purpúreus
purpurrot

purpurocaerúleus
purpurblau

púrus
rein

puschkinioídes
Puschkinia-ähnlich

pusíllus
winzig

pustulátus
pustelartig

puteolátus
grubig, von Gruben
durchzogen

pútidus
stinkend, faulig

putumayénsis
Putumayo- (Kolumbien)

púya
nach der Gattung Puya

pycnánthus
dichtblütig

pycnoblástus
mit dichtem Nebenblatt-
Schopf

pycnocárpos
dichtfrüchtig

pycnocéphalus
mit dichten Köpfen

pycnostáchyus
dichtährig

pycnótrichus
dicht behaart

pygmáeus
zwergartig

pyracántha
Feuerdorn

pyracanthifólius
mit Blättern wie
Pyracantha

pyracánthus
mit feuerroten Dornen

pyramidális
pyramidenförmig

pyramidátus
pyramidenförmig

pyráster
unechte Birne

pyrenáeus
Pyrenäen-

pyrenáicus
Pyrenäen-

pýrethrum
Feuerkraut (brennender
Geschmack)

**pýrifer, pyrífera,
pyríferum**
Birnen tragend

pyrifólius
birnenblättrig

pyrifórmis
birnenförmig

pyroliflórus
mit Blüten wie Pyrola

pyrolifólius
mit Blättern wie Pyrola

pyroloídes
Pyrola-ähnlich

pyrrhocéphalus
mit feurigen Köpfen

pyxidátus
büchsenförmig

quadranguláris
vierkantig
quadrangulátus
vierkantig
quadrángulus
vierkantig
quadriaurítus
mit 4 Ohren
quadribracteolátus
mit 4 Deckblättern
quadrícolor
vierfarbig
quadricostátus
vierrippig
quadridentátus
vierzähnig
quadrifárius
vierfach
quadrífidus
vierspaltig
quadrifíssus
vierspaltig
quadriflórus
vierblütig
quadrifólius
vierblättrig
quadriláterus
vierseitig
quadriloculáris
vierfächerig

quadriradiátus
vierstrahlig
quadriválvis
vierklappig
quámash
indianischer
Pflanzenname (Camassia)
quámoclit
nach einem
mexikanischen
Pflanzennamen
quartzitícola
Quarzit-Bewohner
quasipinifólius
mit nadelähnlichen
Blättern
quassioídes
Quassia-ähnlich
quebrácho-blánco
weißer Quebrachobaum
quebrácho-colorádo
roter Quebrachobaum
quéchua
nach einem
Indianerstamm in
Südamerika
queenslándicus
Queensland- (Australien)
quelpaerténsis
von der Cheju-Insel
(Korea, früher Quelpart)
quercetórum
der Eichenwälder
quercifólius
eichenblättrig
quercínus
eichenartig
queretaroénsis
Queretaro- (Mexiko)

quiabayénsis
Quiabaya- (La Paz,
Bolivien)
quinárius
fünfzählig
quinátus
fünfzählig
quinesénsis
Quines- (Minas Gerais,
Brasilien)
quinóa
Pflanzenname in Chile
(Chenopodium)
quinquanguláris
fünfkantig
quinquecornútus
mit 5 Hörnern
quinqueflórus
fünfblütig
quinquefólius
fünfblättrig
quinquelobátus
fünflappig
quinquelóbus
fünflappig
quinqueloculáris
fünffächerig
quinquenérvis
fünfnervig
quinquenérvius
fünfnervig
quinquepétus
mit 5 Kronblättern
quinquevúlnerus
mit 5 Flecken
quintuplinérvius
mit 5 Nerven
quíntus
die fünfte (Varietät)

quiténsis
Quito- (Ecuador)
quitoénsis
Quito- (Ecuador)

r

rabaiénsis
von den Rabai Hills
(Sudan)
rablénsis
Raibl- (Norditalien)
**racémifer, racemífera,
racemíferum**
Trauben tragend
racemiflórus
mit Blüten in Trauben
**racémiger, racemígera,
racemígerum**
Trauben bildend
racemósus
traubig
rádens
kratzend
rádians
strahlend
radiátus
strahlenförmig
radicális
wurzelständig
radícans
kriechend, Wurzel bildend
radicátus
Wurzel treibend
radicósus
reich bewurzelt
radícula
kleine Wurzel

radiiflórus
strahlenblütig
radiósus
strahlenreich
rádula
Raspel
rafaelénsis
von den Minas de San
Rafael (Mexiko)
ragusínus
Dubrovnik- (Kroatien)
rájah
altindisch: König (zu
Ehren von Sir James
Brooke)
rakaiénsis
vom Rakaia Valley
(Neuseeland)
ramalánus
von Ra-Ma-La
(Westchina)
ramellósus
mit vielen kleinen
Zweigen
ramentáceus
schuppig
ramiflórus
zweigblütig
ramipréssus
mit flachgedrückten
Zweigen
ramondioídes
Ramonda-ähnlich
ramosíssimus
sehr ästig
ramósus
ästig
ramulósus
mit kleinen Ästen

ranárius
Frosch-
randalpínus
vom Alpenrand
**ránifer, ranífera,
raníferum**
froschartig
ranunculifólius
mit Blättern wie
Ranunculus
ranunculínus
hahnenfußartig
ranunculoídes
Hahnenfuß-ähnlich
ranunculophýllus
mit Blättern wie
Ranunculus
rápa
lateinischer
Pflanzenname: Rübe
rapáceus
rübenartig
raphanístrum
lateinischer
Pflanzenname: eine Art
Rettich
raphidacánthus
nadeldornig
rapíferus
Rüben tragend
rápum-genístae
Rübe am Ginster
rapunculoídes
der Campanula
rapunculus ähnlich
rapúnculus
kleine Rübe, Rapunzel
rárak
malayischer
Pflanzenname (Sapindus)

146

rariflórus
mit wenigen Blüten
rásilis
glatt
ratisbonénsis
Regensburg-
ravénnae
Ravenna- (Italien)
rávus
gelblich
rebutioídes
Rebutia-ähnlich
reclinátus
zurückgebogen
recógnitus
anerkannt
recónditus
verborgen
rectángulus
rechtwinklig
rectifólius
mit geraden Blättern
rectispínus
mit geraden Dornen
réctus
aufrecht, gerade
recurvátus
zurückgekrümmt
recurvifólius
mit gekrümmten Blättern
recurvioídes
dem Rhododendron
recurvum ähnlich
recúrvus
zurückgekrümmt
recutítus
gestutzt
redivívus
ausdauernd

redúctus
verringert, kleiner
refléxus
zurückgebogen
refráctus
geknickt
refúlgens
zurückstrahlend
regális
königlich
regelioídes
Regelia-ähnlich
(Bromeliaceae)
regérminans
wieder austreibend
regína
Königin
regínae
Königin-
regínae-amáliae
Königin-Amalie-
regínae-ólgae
Königin-Olga-
régis-ferdinándi
König-Ferdinand-
régius
königlich
régnans
herrschend
relaxátus
erschlafft, niederliegend
religiósus
heilig
remotiflórus
mit entfernt stehenden
Blüten
remótus
entfernt,
auseinandergezogen

rénda
malayischer
Pflanzenname
(Cyrtostachys)

renifórmis
nierenförmig

repándus
ausgeschweift, gekrümmt

répens
kriechend

replicátus
umgeschlagen

réptans
kriechend

resediflórus
mit Blüten wie Reseda

resedifólius
mit Blättern wie Reseda

**resínifer, resinífera,
resiníferum**
Harz bildend

resinífluus
Harz bildend

resinósus
harzig

restrepioídes
Restrepia-ähnlich

restríctus
beschränkt

resupinátus
herumgedreht, nach
hinten gebogen

resúrgens
auferstehend

reticulátus
netzartig

retinódes
harzig

retórtus
zurückgewunden

retrofléxus
zurückgebogen

retrofráctus
abwärts geknickt

retrórsus
rückwärts gekehrt

retrospirális
spiralig zurückgedreht

retúsus
abgestumpft

reviréscens
sich verjüngend

revolútus
zurückgerollt

réx
König

réx-cultórum
König der Züchter

reynóútria
nach der Gattung
Reynoutria

rhabárbarum
Wurzel der Barbaren

rhabdótus
gestreift

rháéticus
rätisch (Graubünden,
Schweiz)

rhamnoídes
Rhamnus-ähnlich

rhapóntica
nach der Gattung
Rhapontica: pontische
Wurzel

rhaponticoídes
Rhaponticum-ähnlich

rhapónticum
pontische Wurzel

rhellicáni
nach Johannes Müller,
Rhellicanus, aus Rellikon
(Schweiz)

rhenánus
rheinisch

rhipidophýllus
mit fächerartigen Blättern

rhipsaloídes
Rhipsalis-ähnlich

rhizocárpus
mit Früchten auf den
Wurzeln

rhizocáúlis
mit sich bewurzelndem
Stängel

rhizocephaloídes
der Inula rhizocephala
ähnlich

rhizocéphalus
wurzelköpfig, mit
ungestielten Köpfen

**rhizomátifer,
rhizomatífera,
rhizomatíferum**
Wurzelstöcke bildend,
Rhizom bildend

rhizomátus
mit Wurzelstock

rhizophýllus
an den Blättern bewurzelt

rhodacánthus
mit rosenroten Dornen

rhodánthus
mit rosenroten Blüten

rhodénsis
Rhodos- (Griechenland)

rhodíola
nach der Gattung
Rhodiola: nach Rosen
duftend

rhódius
Rhodos- (Griechenland)

rhodocárpus
mit rosenroten Früchten

rhodochéílus
mit rosenroter Lippe

rhodocyáneus
blaurot

rhodopáéus
Rhodopegebirge-
(Bulgarien und
Griechenland)

rhodopéíus
Rhodopegebirge-
(Bulgarien und
Griechenland)

rhodopénsis
Rhodopegebirge-
(Bulgarien und
Griechenland)

rhodopéus
Rhodopegebirge-
(Bulgarien und
Griechenland)

rhodóppeus
Rhodopegebirge-
(Bulgarien und
Griechenland)

rhódora
antiker Pflanzenname

rhodótrichus
mit rosenroten Haaren

rhoeadifólius
mit Blättern wie Papaver
rhoeas

rhóéas
antiker Pflanzenname

rhoifólius
mit Blättern wie Rhus

rhómbeus
rautenförmig

rhombicáúlis
mit rhombischem
Blattstiel

rhómbicus
rautenförmig

rhombifólius
rautenblättrig

rhomboidális
rautenförmig

rhomboídeus
rautenförmig

rhopalophýllus
keulenblättrig

rhynchophýllus
schnabelblättrig

rhytidocárpus
mit runzeligen Früchten

rhytidophylloídes
dem Viburnum
rhytidophyllum ähnlich

rhytidophýllus
mit runzeligen Blättern

ríbes
nach einem arabischen
Pflanzennamen

ribesioídes
Ribes-ähnlich

ricinicárpus
mit Früchten wie Ricinus

ricinifólius
mit Blättern wie Ricinus

rígens
steif

rigéscens
steif werdend

rigidíssimus
sehr starr

rigídulus
etwas steif

rígidus
steif

rimósus
rissig

rinconénsis
von La Rinconada
(Mexiko)

ríngens
den Rachen aufsperrend

ríngo
japanischer Name für
Apfel

riograndénsis
von Rio Grande
(Bolivien)

riojánus
von La Rioja
(Argentinien)

riomizquénsis
vom Rio Mizque
(Cochabamba, Bolivien)

rioverdénsis
vom Rio Verde (Mexiko)

riparioídes
dem Rhododendron
riparium ähnlich

ripárius
Ufer-

ripícola
Uferbewohner

riténsis
aus den Santa-Rita-
Bergen (Arizona, USA)

rítro
nach einem griechischen
Pflanzennamen

rituális
rituell, bei Riten
verwendet

riválís
Bach-

rivuláris
an kleinen Bächen

rivulátus
an kleinen Bächen

rizehénsis
Rize- (nordöstliche
Türkei)

roanénsis
von den Roan-Bergen
(westliche USA)

róbur
Kernholz

robústus
stark, kernig

rodentióphilus
bei Nagetieren beliebt

románus
römisch

rondoniánus
Rondonia- (Minas Gerais,
Brasilien)

rondoniénsis
Rondonia- (Minas Gerais,
Brasilien)

roribáccus
Taubeere

roripifólius
mit Blättern wie Rorippa

rósa
Rose

rósa-sinénsis
chinesische Rose

rosáceus
rosarot

roseátus
rosafarben

roseiflórus
rosablütig

rosénsis
von San Juan de las Rosas
(Mexiko)

roseoáéneus
rosa-kupferfarben

roseoálbus
rötlich weiß

roseolilacínus
rötlich lila

roseolúteus
rötlich gelb

roseomarginátus
mit rosenrotem Rand

roseopíctus
rosa bemalt

roseotínctus
rosa gefärbt

róseus
rosenrot, rosa; bei
Rhodiola: lateinischer
Pflanzenname

rosiflórus
rosenblütig

rosifólius
rosenblättrig

rosmarinifólius
rosmarinblättrig

rosmarinifórmis
Rosmarin ähnlich

róssicus
russisch

rostellátus
mit kleinem Schnabel

rostratocapitátus
geschnäbelt und
kopfförmig

rostratospicátus
geschnäbelt und ährig

rostrátus
geschnäbelt

rostriflórus
mit schnabelförmigen
Blüten

róstrum-áquilae
Adlerschnabel

rosuláris
Rosetten bildend

rosulátus
Rosetten bildend

rótang
malayischer
Pflanzenname (Calamus)

rotátus
radförmig

rothmánnia
nach der Gattung
Rothmannia

rothomagénsis
Rouen- (Frankreich)

rotundátus
abgerundet

rotundifólius
rundblättrig

rotúndulus
rundlich

rotúndus
rund

rubellihamátus
mit rötlichen Haken

149

rubellínus
rötlich schimmernd

rubellíspinus
mit rötlichen Dornen

rubéllus
rot schimmernd

rúbens
rot

rubentifólius
mit rot werdenden
Blättern

rúber, rúbra, rúbrum
rot

rubérrimus
besonders rot

rubéscens
rot werdend

rubicúndus
kräftig rot

rúbidus
rötlich

rubifólius
mit Blättern wie Rubus

rubiginósus
braunrot

rubioídes
Rubia-ähnlich

rubicáúlis
rotstängelig

rubriflórens
rot blühend

rubriflórus
rotblütig

rubrifólius
rotblättrig

rubrigémmus
mit roten Knospen

rubrihorridíspinus
mit schrecklichen roten
Dornen

rubríspinus
mit roten Dornen

rubristamíneus
mit roten Staubblättern

rubrivénius
mit roten Adern

rubrobracteátus
mit roten Deckblättern

rubrocaerúleus
rot-blau

rubrocárpus
mit roten Früchten

rubrolígula
mit rotem Blatthäutchen

rubrolineátus
rot gestreift

rubrolúteus
rot und gelb

rubromaculátus
rot gefleckt

rubropunctátus
mit roten Punkten

rubrostíllus
mit roten Tropfen
(Beeren)

rubrotínctus
rot gefärbt

rubrovénius
mit roten Adern

rubrovenósus
mit roten Adern

rubrovioláceus
rotviolett

rubrovíridis
rot und grün

rubrovittátus
mit roten Streifen

rúbus
nach der Gattung Rubus

rúdis
wild, ungeordnet

ruderális
auf Schutt wachsend

ruféscens
fuchsrot oder rötlich
werdend

rúffia
nach dem Namen der
Raphia-Art in
Madagaskar

rufibárbus
fuchsrot bärtig

rufídulus
fuchsrot, rötlich

rúfidus
fuchsrot

rufinérvis
fuchsrot geadert

rufípogon
mit fuchsrotem Bart

rufocróceus
fuchsrot und gelb

rufoferrugíneus
fuchsrot-rostrot

rúfus
fuchsrot

rugosostellátus
runzelig und sternhaarig

rugósus
runzelig

rugótidus
Bastard aus Rosa rugosa
und R. nitida

rugulósus
fein runzelig

rujanénsis
Rujane- (Bosnien-
Herzegowina)

rúkam
nach dem Volksnamen der
Flacourtia-Art in
Südostasien

rumeliánus
bulgarisch

rumélicus
bulgarisch

**rupéster, rupéstris,
rupéstre**
Felsen-

rupicáprinus
Gämsen-

rupícola
Felsbewohner, Fels-

rupífragus
Felsen sprengend

rurívagus
Landstreicher-, Vagabund-

rusciflórus
mit Blüten wie Ruscus

ruscifólius
mit Blättern wie Ruscus

rusciförmis
Ruscus-artig

russátus
rot gefärbt

rússicus
russisch

russotínctus
rötlich gefärbt

rusticánus
vom Lande

rústicus
ländlich

rúta-murária
Mauerraute

ruthénicus
ruthenisch (Ukraine)

rutifólius
mit Blättern wie Ruta

rútilans
rötlich

rútilus
rötlich

ruyschiána
lateinischer Pflanzenname

ruziziénsis
Ruzizi- (Zaire)

S

sabátius
Savona- (Italien)

sabáúdus
Savoyer- (Frankreich)

sabdaríffa
nach einem spanischen
oder westindischen
Pflanzennamen (Hibiscus)

sabéllicus
Sabeller- (italienischer
Volksstamm)

sabína
lateinischer Name des
Sadebaums

sabulósus
Sand-

saccaticúpulus
mit sackförmigem Becher

saccátus
sackförmig

saccharátus
zuckerig

**sacchárifer,
saccharífera,
saccharíferum**
Zucker liefernd

sacchariflórus
zuckerrohrblütig

saccharínus
zuckerig, Zucker-

saccharoídeus
Zuckerrohr-ähnlich

151

saccharóphorus
Zucker führend

saccharósus
zuckerig, Zucker-

sáccharum
Zucker

**sáccifer, saccífera,
saccíferum**
Sack tragend

sácer, sácra, sácrum
heilig

sachalinénsis
Sachalin- (Ostasien)

sacharósa
nach dem Namen der
Rhodocatus-Art
(Pereskia-Art) in
Argentinien (Hundsrose,
sacha rosa)

sacrórum
der Heiligen

**sáétiger, saetígera,
saetígerum**
Borsten tragend

sagenárius
für Fischernetze

saginoídes
Sagina-ähnlich

sagittális
pfeilförmig

sagittátus
pfeilförmig

sagittifólius
mit pfeilförmigen Blättern

ságu
malayischer
Pflanzenname
(Metroxylon)

saigonénsis
Saigon- (Vietnam)

sajanénsis
Sajan- (Sibirien)

salaziénsis
Salazi- (Réunion)

saldanhénsis
Saldanha- (Südafrika)

salicária
lateinischer
Pflanzenname:
weidenartige Pflanze

salicariifólius
weiderichblättrig

salicifólius
weidenblättrig

salicínus
weidenartig

salicornioídes
Salicornia-ähnlich

salígnus
weidenartig

salinénsis
von Salinas Victoria
(Nuevo Leon, Mexiko)

salínus
Salz-

salisburgénsis
Salzburg-

saliúnca
antiker Name des Speiks

salmóneus
lachsfarben

salmónicus
lachsfarben

salomonénsis
von den Salomonen-
Inseln

salouenénsis
Saluen- (China,
Myanmar)

salsílla
Pflanzenname in Chile
(Bomarea)

salsoloídes
Salsola-ähnlich

salténsis
Salta- (Argentinien)

salubérrimus
sehr heilkräftig

saluenénsis
Saluen- (China,
Myanmar)

salvadorénsis
Salvador- (Brasilien)

sálviae
Salbei-

salvifólius
salbeiblättrig

salviifólius
salbeiblättrig

salweenénsis
Saluen- (China,
Myanmar)

salwinénsis
Saluen- (China,
Myanmar)

samaipatánus
Samaipata- (Bolivien)

sáman
Pflanzenname in
Südamerika (Samanea)

samarangénsis
Samarang- (Java)

sámbac
nach einem arabischen
Pflanzennamen

sambiranénsis
Sambirano- (Madagaskar)

sambucifólius
holunderblättrig

sambucínus
holunderartig

samburuénsis
Samburu- (Kenya)

sámius
Samos- (Griechenland)

samnénsis
Samne- (La Libertad,
Peru)

sanagástus
Sanagasta- (Argentinien)

sancarlénsis
von San Carlos Bay
(Sonora, Mexiko)

sancóna
Name der Syagrus-Art in
Kolumbien

sancristobalénsis
von San Cristobal
(Salomonen-Inseln)

sánctae-rósae
von Santa Rosa (Bolivien)

sáncti-johánnis
von St. Iwan, Rilakloster
(Bulgarien)

sánctus
heilig

sandánkwa
japanischer Pflanzenname
(Viburnum)

sandíllon
chilenische Bezeichnung
für Kugelkaktus

sandrásicus
vom Sandras Dagh
(Karien, Türkei)

sandwicénsis
Hawaii-

sanguinális
blutrot

sanguíneus
blutrot

sanguiniflórus
mit blutroten Blüten

sanguinoléntus
blutrot, mit Blutflecken

sanguisórba
mittelalterlicher
Pflanzenname: Blut
stillende Pflanze

sanguisórbae
Wiesenknopf-

sanjuanénsis
von San Juan
(Argentinien)

sanluisénsis
von San Luis Potosí
(Mexiko)

sanpedroénsis
von Rancho San Pedro
(Mexiko)

sansibarénsis
Sansibar-

sanssouciánus
Sanssouci- (bei Potsdam)

sánta-maría
von Santa Maria (Baja
California, Mexiko)

santaclarénsis
von Santa Clara (Nuevo
Leon, Mexiko)

santalínus
Santalum-artig

santaginiénsis
von Cuesta de Santiago
(bei Aiquile, Bolivien)

santiagoénsis
Santiago- (Chile)

santiaguénsis
von Santiago del Estero
(Argentinien)

santónicus
als Wurmmittel verwendet

sápidus
schmackhaft

sapiéntum
der Weisen

saponária
Seifenpflanze

saponárius
Seifen-

sapóta
mexikanischer
Pflanzenname (Pouteria)

sáppan
malayischer
Pflanzenname
(Caesalpinia)

sarachoídes
Saracha-ähnlich
(Solanaceae)

sarajevénsis
Sarajewo- (Bosnien)

sarawakénsis
Sarawak- (Kalimantan)

sarawschánicus
Seravshan- (Usbekistan)

sarcodáctylis
mit fleischiger,
fingerförmiger Frucht

sarcódes
fleischig

sarcophýllus
dickblättrig

sarcosépalus
mit fleischigen
Kelchblättern

153

sarcostemmoídes
Sarcostemma-ähnlich

sardénsis
Sardes- (Türkei)

sardóus
Sardinien-

sári
Sarus- (Kleinasien)

sáribus
Pflanzenname auf den
Molukken (Livistona)

sarissóphorus
Lanzenträger

sarmáticus
sarmatisch (Südrussland)

sarmentósus
mit Ausläufern

sarniénsis
Guernsey- (britische
Kanalinsel)

sarothroídes
Besen-ähnlich

sarracénicus
sarazenisch,
mohammedanisch

sasánqua
nach dem japanischen
Namen einer Camellia-
Art

satívus
angepflanzt

satsumánus
Satsuma- (Japan)

satsúmi
Satsuma- (Japan)

satureioídes
Satureja-ähnlich

saturejoídes
Satureja-ähnlich

saurocéphalus
mit Eidechsenkopf

saussureoídes
Saussurea-ähnlich

saxátilis
Felsen-

saxetánus
Felsen-

saxícola
Felsbewohner, Felsen-

saxífraga
nach der Gattung
Saxifraga

saxórum
der Felsen

saxósus
felsig

scáber, scábra, scábrum
rau, scharf

scabérrimus
sehr rau, sehr scharf

scabérulus
etwas rau

scabiósa
nach dem Gattungsnamen
Scabiosa

scabiosifólius
mit Blättern wie Scabiosa

scabrátus
rau

scabricúlmis
mit rauem Halm

scabricúspis
mit rauer Spitze

scábridus
rau, scharf

scabriúsculus
etwas rau, etwas scharf

scabrósus
ganz rau

scaláris
Leiter-

scalígerus
leiterförmig

scammónia
antiker Pflanzenname:
Purgierwinde

scándens
kletternd

scapharóstrus
mit kahnförmigem
Schnabel

**scápiger, scapígera,
scapígerum**
Schaft tragend

scapósus
mit vielen Stängeln

scárdicus
von Schar-Dagh (Balkan)

scaríola
arabischer Pflanzenname
(Lactuca)

scariósus
trockenhäutig

scarlatínus
scharlachrot

scelerátus
giftig

scéptrum
Zepter

scéptrum-carolínum
Szepter Karls des Großen

scepusiénsis
von Zips (Slowakei und
Polen)

scháfta
Pflanzenname am
Kaspischen Meer (Silene)

schéfflera
nach der Gattung
Schefflera

**schídiger, schidígera,
schidígerum**
Splitter bildend

schinifólius
mit Blättern wie Schinus

schínseng
chinesischer Name einer
Panax-Art

schistósus
auf Schiefer

schizándrus
mit gespaltenen
Staubblättern

schizanthoídes
Schizanthus-ähnlich

schizánthus
spaltblütig

schizochéílus
mit geteilter Lippe

schizopétalus
mit geschlitzten
Kronblättern

schizophýllus
schlitzblättrig

schoenánthus
binsenblütig

schoenoídes
Schoenus-ähnlich

schoenóprasum
binsenblättriger Lauch

scholáris
Schule-

schuschaénsis
Schuscha-
(Aserbaidschan)

sciáphilus
Schatten liebend

scílla
griechischer
Pflanzenname

scilloídes
Scilla-ähnlich

scilloídeus
Scilla-artig

scíntillans
funkelnd

scirpoídes
Scirpus-ähnlich

scítulus
allerliebst

sclárea
italienischer
Pflanzenname (Salvia)

sclerócladus
mit steifen Zweigen

sclerótrichus
mit harten Haaren

scleróxylon
Hartholz

scólopax
Schnepfe (Schnabel)

scolopéndria
tausendfüßlerartig

scolopéndrium
griechischer
Pflanzenname

scolopéndrius
tausendfüßlerartig,
Scolopendrium-ähnlich

scolymoídes
Artischocken-ähnlich

scólymus
antiker Pflanzenname

scópa
Besen

scopárius
Besen-, bei Kochia:
lateinischer Pflanzenname

scopulórum
der Felsen

scópus
Besen

scordiifólius
mit Blättern wie Teucrium
scordium

scórdium
antiker Pflanzenname

scorodónia
nach einem lateinischen
Pflanzennamen

scorodóprasum
Knoblauch- und Porree-
ähnliche Pflanze

scorpioídes
Skorpion-ähnlich

scórpius
nach einer antiken
Bezeichnung für
stachelige Pflanzen und
den Skorpion

scorzonerifólius
mit Blättern wie
Scorzonera

scóticus
schottisch

scríptus
mit Schriftzeichen

scrobiculátus
mit Grübchen

155

scrophulariifólius
mit Blättern wie
Scrophularia

scutátus
Schild-

scutellarioídes
Scutellaria-ähnlich

scutellárius
schildchenartig

scutellátus
schüsselartig

scutellifólius
mit schüsselförmigen
Blättern

scyphócalyx
mit becherförmigem
Kelch

sebáceus
Talg liefernd

sebesténa
nach einer arabischen
Bezeichnung für Cordia-
Arten

**sébifer, sebífera,
sebíferum**
Talg liefernd

secalínus
1. Bromus: Roggen-;
2. Apium, Lactuca:
Schnitt-

sechellárum
Seychellen-

sectívus
schneidbar

secundátus
einseitswendig

secundiflórus
einseitswendig blühend

secúndus
der zweite, einseitswendig

securídaca
nach der Gattung
Securidaca

sedifólius
mit Blättern wie Sedum

sedifórmis
Sedum-artig

sedoídes
Sedum-ähnlich

segetális
Feld-

ségetum
Saat-

séguine
Pflanzenname in
Westindien
(Dieffenbachia)

seguínus
schierlingsartig

selaginoídes
Selago-ähnlich

selágo
antiker Pflanzenname

semecarpifólius
mit Blättern wie
Semecarpus

sémi-incísus
halb eingeschnitten

sémi-ínferus
halb unterständig

semialátus
halb geflügelt

semiálbus
halb weiß

semibarbátus
halb bärtig

semidecándrus
mit 5 Staubblättern

semidecíduus
halbimmergrün

semidentátus
halb gezähnt

semiglobósus
halbkugelig

semiínferus
halb nterständig

semiintegrifólius
mit halb ganzrandigen
Blättern

**semínifer, seminífera,
seminíferum**
Samen tragend

semipinnátus
halb gefiedert

semitéres
halb stielrund

semnoídes
dem Rhododendron
semnum ähnlich

semótus
entlegen, entfernt

semperflórens
immer blühend

semperflórens-cultórum
die (Begonia)
semperflorens der Züchter

sempérvirens
immergrün

sempervívi
Hauswurz-

sempervivoídes
Sempervivum-ähnlich

sempervívum
nach der Gattung
Sempervivum

sempervívus
immer lebend

senecioídes
Senecio-ähnlich

sénega
mittellateinischer
Pflanzenname, nach den
Seneca-Indianern

sénegal
Senegal

senegalénsis
Senegal-

senegámbicus
Senegambien-
(Westafrika)

senéscens
alt werdend, ausdauernd

senifólius
sechsblättrig

senílis
greisenartig

sénna
nach einem arabischen
Pflanzennamen (Cassia)

sensíbilis
empfindsam

sensitívus
empfindsam

senticósus
dornenreich

séntis
antike Bezeichnung für
Dornsträucher

sepiárius
Hecken-

sepíncola
Heckenbewohner,
Hecken-

sépium
Zaun-, Hecken-

septémfidus
siebenteilig

septémlobus
siebenlappig

septemtrionális
nördlich

septentrionális
nördlich

sepulcrális
Grabes-

seravshánicus
Seravshan- (Usbekistan)

sérbicus
serbisch

séricans
seidig behaart

sericánthus
seidenblütig

sericátus
seidig

sericeovillósus
seidig behaart

seríceus
seidig

**serícifer, sericífera,
sericíferum**
Seide tragend

sericócalyx
mit seidigem Kelch

sericocárpus
mit seidiger Frucht

sericophýllus
mit seidigen Blättern

serjaniifólius
mit Blättern wie Serjania

serótinus
spät

sérpens
kriechend, schlängelnd

serpentária
antiker Pflanzenname:
Schlangenwurzel

serpentárius
Schlangen-, bei
Aristolochia: antiker
Pflanzenname:
Schlangenwurzel

serpentifórmis
schlangenförmig

serpentíni
Serpentin-

serpentínicus
Serpentin-

serpentinícola
Serpentinbewohner

serpentínus
schlangenartig

serpillifólius
thymianblättrig

serpylláceus
thymianartig

serpyllifólius
thymianblättrig

serpýllum
lateinischer Pflanzenname
(Thymus)

sérra
Säge

sérrae
von einer Serra
(Brasilien)

serratifólius
mit gesägten Blättern

serratipétalus
mit gesägten Kronblättern

serrátus
gesägt

serríola
Stachellattich

sérrula
kleine Säge

serrulátus
fein gesägt

sesamoídes
Sesam-ähnlich

sésban
nach einem arabischen
Pflanzennamen (Sesbania)

sesquipedális
ellenlang

sessiliflórus
mit sitzenden Blüten

sessilifólius
mit sitzenden Blättern

séssilis
ungestielt, sitzend

setáceus
borstenförmig

setchuenénsis
Setschuan- (China)

setícalyx
mit borstigem Kelch

seticorónus
mit Haaren in der
Blütenkrone

sétifer, setífera,
setíferum
Borsten tragend

setíferus
Borsten tragend

setifólius
mit borstenförmigen
Blättern

sétiger, setígera,
setígerum
Borsten tragend

setípodus
mit borstigem Stiel

setispínus
mit borstigen Dornen

setósus
borstig

setulósus
voller Borsten

sexanguláris
sechskantig

séyal
nach einem arabischen
Wort

shállon
indianischer
Pflanzenname
(Gaultheria)

shansiénsis
Shanxi- (China)

shensiénsis
Shensi- (China)

shikokiánus
Shikoku- (Japan)

shirénsis
Shire- (Malawi)

shweliénsis
aus dem Shweli-Saluen-
Gebiet (Yunnan, China)

siaménsis
Siam- (Thailand)

siámeus
Siam- (Thailand)

sibéricus
sibirisch

siberiénsis
Siberia- (Nuevo Leon,
Mexiko)

sibíricus
sibirisch

sibuyanénsis
Sibuyan- (Philippinen)

sicerárius
liefert berauschendes
Getränk

sichoténsis
vom Sichote-Alin-
Gebirge (Ostasien)

sículus
sizilianisch

sicyoídes
Sicyos-ähnlich

sidéreus
himmlisch

siderostíctus
mit rostbraunen Punkten

sideróxylon
Eisenholz

sidifólius
mit Blättern wie Sida

sigillátus
verziert

signátus
gezeichnet

sikkiménsis
Sikkim- (Himalaya)

sikokiánus
Shikoku- (Japan)

sikokumontánus
aus den Bergen von
Shikoku (Japan)

silaifólius
mit Blättern wie Silaum

sílaus
antiker Pflanzenname

silenifólius
mit Blättern wie Silene

silenoídes
Silene-ähnlich

síler
antiker Pflanzenname

silesíacus
schlesisch

silicícola
Silikatbewohner

síliqua
Schote

siliquástrum
unechte Ceratonia siliqua

siliquósus
schotenartig

sillamontánus
Sillaberge- (Mexiko)

silváticus
Wald-

silvéster, silvéstris,
silvéstre
wild wachsend

simarúba
Pflanzenname in Guyana
(Bursera)

símia
Affe

similirámeus
mit ähnlichen Zweigen

símilis
ähnlich

símplex
einfach

simplicáúlis
mit einfachem Stiel

simplicicáúlis
mit einfachem Stiel

simplicifólius
mit einfachen Blättern

simplicíssimus
sehr einfach

simpliciúsculus
mit etwas einfacherem
Blütenstand

símulans
täuschend

simulátrix
die Täuscherin

sináicus
Sinai-

sinalénsis
Sinaloa- (Mexiko)

sindjarénsis
Sindjarberge- (Irak)

sinénsis
chinesisch

singalánus
vom Gunung Singalang
(Sumatra)

sinápou
nach dem Namen der
Tephrosia-Art in Guyana

síno-ornátus
die chinesische Gentiana
ornata

sinográndis
das chinesische
Rhododendron grande

sinolepidótus
das chinesische
Rhododendron lepidotum

sinolísteri
die chinesische Primula
listeri

sinoplantagíneus
chinesische Wegerich-
ähnliche Primula-Art

sinopurpuráscens
chinesischer Acer
purpurascens

sinopurpúreus
chinesische rot blühende
Primula-Art

sinuátus
buchtig

sinuósus
mit vielen Buchten

siphilíticus
gegen Syphilis

sípho
Röhre

sipýleus
vom Sipuli Dagh
(Kleinasien)

sisalánus
Sisal- (Mexiko)

sísarum
antiker Pflanzenname

síssoo
Pflanzenname in Indien
(Dalbergia)

sisymbriifólius
mit Blättern wie
Sisymbrium

sisyrínchium
nach der Gattung
Sisyrinchium

sitchénsis
Sitka- (USA)

slávicus
slawisch

smaragdiflórus
mit smaragdgrünen
Blüten

smaragdínus
smaragdgrün

sobólifer, sobólifera,
sobóliferum
Wurzelsprosse bildend

sóbrius
nüchtern (nicht zur
Rauschmittelgewinnung
geeignet)

soccotrínus
Sokotra- (Insel östlich
Afrika)

sociális
gesellig

sociórum
der Reisegefährten (von
L. Bolus)

socotránus
Sokotra- (Insel östlich
Afrika)

sóda
arabische Bezeichnung
für Soda

sodoméus
Sodom- (Palästina)

sogdiánus
Sogdien- (Gebiet von
Samarkand, Zentralasien)

sója
chinesischer
Pflanzenname (Glycine)

solanáceus
nachtschattenartig

solandriflórus
mit Blüten wie Solandra

soldanélla
nach der Gattung
Soldanella: Troddelblume

soldanelloídes
Soldanella-ähnlich

sólidus
fest, massiv

solomonénsis
Solomonen- (Ozeanien)

solstitiális
Sommersonnenwende-

somaliénsis
Somalia- (Ostafrika)

**sómnifer, somnífera,
somníferum**
einschläfernd

sonchifólius
mit Blättern wie Sonchus

songáricus
Dsungarei-

sonórae
Sonora- (Mexiko)

soongáricus
Dsungarei-

soongóricus
Dsungarei-

sóphia
mittelalterlicher
Pflanzenname: Weisheit
der Ärzte

sophorifólius
mit Blättern wie Sophora

sophronítis
züchtig, bescheiden

sorbifólius
mit Blättern wie Sorbus

sórdidus
schmutzig

sorórius
verschwistert, nahe
verwandt

sotomayorénsis
Sotomayor- (Potosí,
Bolivien)

spadíceus
dattelbraun

**spadíciger, spadicígera,
spadicígerum**
Kolben tragend

sparganifólius
mit Blättern wie
Sparganium

sparganiifólius
mit Blättern wie
Sparganium

sparsiflórus
lockerblütig

sparsifólius
lockerblättrig

spársus
locker, zerstreut

spárteus
Spartium-artig,
binsenartig

spártum
antiker Pflanzenname:
Flechtgras

spatháceus
mit Blütenscheide

spathiflórus
mit von Scheiden
umhüllten Blüten

spathuláris
spatelig

spathulátus
spatelig

spathulifólius
mit spatelförmigen
Blättern

spatulátus
spatelig

speciosíssimus
sehr prächtig

speciósus
prächtig

spectábilis
ansehnlich

spéculum
Spiegel

spéculum-véneris
Venusspiegel

spélta
Spelz, Dinkel

spelúncae
Höhlen-

sperábilis
erhofft

sperabiloídes
dem Rhododendron
sperabile ähnlich

sphacelátus
mit dunklen Flecken

spháéricus
kugelig

sphaeroblástus
mit kugeligen Trieben

sphaerocárpus
mit kugeligen Früchten

spaerocéphalos
kugelköpfig

sphaerocéphalus
kugelköpfig

sphaerocóccus
mit kugeligen Beeren
oder Körnern

sphaeroídeus
kugelartig

sphaerostáchyus
mit runden Ähren

sphagnícola
auf Torfmoos wachsend

sphecódes
Wespen-ähnlich

sphégifer, sphegífera,
sphegíferum
mit Wespen-ähnlicher
Blüte

sphegódes
Wespen-ähnlich

sphenanthérus
mit keilförmigen
Staubbeuteln

sphenophýllus
keilblättrig

sphondýlium
nach einem antiken
Pflanzennamen

spíca
Ähre

spíca-vénti
Windähre

spícant
nach einem alten
deutschen Farnnamen
(Blechnum)

spicátus
ährig

spícifer, spicífera,
spicíferum
Ähren tragend

spíciger, spicígera,
spicígerum
Ähren tragend

spiculifólius
spitzblättrig

spiculósus
spitzig

spílos
Fleck

spilótus
gefleckt

spína-chrísti
Christusdorn

spinálba
nach einem alten
vorlinnéischen
Pflanzennamen
(Eryngium)

spínifex
nach der Gattung Spinifex

spiniflórus
dornblütig

spinigemmátus
mit dornigen Knospen

spíniger, spinígera,
spiígerum
Dorn bildend

spinósior, spinósius
dorniger

spinosíssimus
sehr dornig

spinósus
dornig

spinúlifer, spinulífera,
spinulíferum
kleine Dornen tragend

spinulósus
mit kleinen Dornen

spiraeifólius
mit Blättern wie Spiraea

spirális
spiralig

spíssus
gedrängt, dicht

spléndens
glänzend

spléndidus
glänzend

spodopéplus
mit aschfarbenem
Gewand

spóngia
Schwamm

sponhémicus
von Sponheim (Nahetal,
Rheinland-Pfalz)

spontáneus
wild wachsend

sporádum
der Sporaden (griechische
Inseln)

springbokénsis
von Springbok
(Südafrika)

spúrius
falsch, unecht

squálens
steif, starr

squálidus
steif, starr

squamária
Schuppenpflanze

squamátus
schuppig

squámeus
schuppig

**squámifer, squamífera,
squamíferum**
Schuppen tragend

**squámiger, squamígera,
squamígerum**
Schuppen tragend

squamósus
stark schuppig

squamulósus
mit kleinen Schuppen

squarrósus
sparrig

stagnális
in Teichen

stagnínus
in Teichen

stamíneus
staubblattartig

stáns
aufrecht

stapeliifórmis
Stapelia-förmig

stapelioídes
Stapelia-ähnlich

staphiságria
griechischer
Pflanzenname: wilde
Rosine

staticifólius
mit Blättern wie Statice

stelláris
Stern-

stellárius
sternartig

stellátus
sternförmig

stelliflórus
mit Sternblüte

stellípilus
mit Sternhaaren

stellíspinus
mit sternförmigen Dornen

stellulátus
mit kleinen Sternen

**stellúlifer, stellulífera,
stellulíferum**
kleine Sterne tragend

stemária
wohl: kranzartige Pflanze

stenánthus
schmalblütig

stenocárpus
schmalfrüchtig

stenocéphalus
schmalköpfig

stenócladus
mit dünnen Zweigen

stenócomus
mit schmalem Schopf

stenodáctylus
mit schmalen Fingern

stenogónus
schmalkantig

stenólepis
mit schmalen Schuppen

stenopétalus
mit schmalen
Kronblättern

stenophýllus
schmalblättrig

stenoplástus
schmal geformt

stenópterus
schmalflügelig

stenorhýnchos
mit schmalem Rüssel

stenosíphon
schmale Röhre

stenostáchyus
schmalährig

stenótis
mit schmalem Ohr

stenótomus
schmal geschnitten

stephanénsis
aus St. Étienne
(Frankreich)

stereophýllus
steifblättrig

stérilis
unfruchtbar, genügsam

stictophýllus
mit gefleckten Blättern

stipuláceus
nebenblattartig

stipuláris
mit Nebenblättern

stipulátus
mit Nebenblättern

stóébe
lateinischer Pflanzenname
(Centaurea)

stoechadifólius
mit Blättern wie
Lavandula stoechas

stóéchas
antiker Pflanzenname

**stolónifer, stolonífera,
stoloníferum**
Ausläufer treibend

stoloníferus
Ausläufer treibend

stramíneus
strohgelb, strohartig

stramonifólius
mit Blättern wie
Stramonium

stramónium
lateinischer
Pflanzenname: Stechapfel

stratiótes
1. Dendrobium: Soldat; 2.
Pistia: antiker
Pflanzenname

strépens
rauschend, raschelnd

strepsícladus
mit gedrehten Zweigen

streptopétalus
mit gedrehten
Kronblättern

streptophýllus
mit gedrehten Blättern

striatifólius
mit gestreiften Blättern

striátulus
fein gestreift

striátus
gestreift

strictiflórus
steifblütig

strictifólius
steifblättrig

strictíssimus
sehr steif

stríctus
straff, steif

strigillósus
mit kleinen Borsten

strigósus
borstig

strigulósus
kurzborstig, etwas borstig

strobiláceus
zapfenartig

strobilifórmis
zapfenförmig

stróbus
Zapfen

strongylogónus
mit gerundeten Kanten

strongylophýllus
rundblättrig

strumárius
gegen Halsgeschwulst

strumósus
mit Kropf

struthiópteris
Straußenfarn

stýgius
unterweltlich

styláris
langgriffelig

stylósus
langgriffelig

styphelioídes
Styphelia-ähnlich
(Epacridaceae)

styracíflua
lateinischer
Pflanzenname: Storax
liefernd

styríacus
Steiermark-

suavéolens
wohlriechend

suávis
süß

subacáulis
fast stängellos

subácidus
fast (Begonia) acida

subalpínus
subalpin

subaltérnans
etwas wechselnd
(Fiederblättchen)

subarachnoídeus
fast Sorbus arachnoidea

**subásper, subáspera,
subásperum**
schwach rau

subattenuátus
fast Haworthia attenuata

subauriculátus
fast Polypodium
auriculatum

163

subbarbátus
schwach bärtig

subcaerúleus
bläulich

subcanínus
fast Rosa canina

subcánus
etwas grau

subcarinátus
fast Gasteria carinata

subcarnósus
etwas fleischig

subcauléscens
fast stängellos

subcaulialátus
mit schwach geflügeltem Stängel

subcoerúleus
bläulich

subcollínus
fast Rosa collina

subcordátus
schwach herzförmig, bei Funkia: fast Funkia cordata

subcoriáceus
etwas lederig

subcrassicáúlis
etwas dickstängelig

subcrenátus
schwach gekerbt

subcróceus
etwas gelb

subcrucifórmis
fast kreuzförmig

subcylíndricus
schwach walzlich

subdenudátus
fast nackt

subdivaricátus
fast Erica divaricata

subduríspinus
fast Mammillaria durispina

subedentátus
fast ungezähnt

súber
Kork

suberéctus
fast aufrecht

suberósus
mit korkiger Rinde, bei Rhododendron: etwas angefressen

subfenestrátus
etwas fensterartig

subflávus
fast Crocus flavus

subgibbósus
fast Neoporteria gibbosa

subgláber, subglábra, subglábrum
fast kahl

subhirsútus
schwach behaart

subhirtéllus
etwas zottig

subhíspidus
fast Lonicera hispida

subhúmilis
fast Jasminum humile

subincánus
fast filzig

subinérmis
fast unbewehrt

subintegérrimus
fast ganzrandig

subintéger, subintégra, subintégrum
fast die integra-Art

sublimiflórus
mit erhabener Blüte

sublímis
in der Höhe wachsend, Hochlagen-

sublobátus
schwach lappig

submammilláris
fast Euphorbia mammillaris

submammulósus
fast Notocactus mammulosus

submérsus
unter Wasser

submóllis
fast wollig, bei Crataegus: fast Crataegus mollis

subnígricans
fast Gasteria nigricans

subniválís
nahe der Schneegrenze

subnodulósus
undeutliche Knötchen tragend

suboppósitus
teilweise gegenständig

subpalmátus
etwas handförmig

subpeltátus
fast Passiflora peltata

subpolyédrus
fast Mammillaria polyedra

subreguláris
fast regelmäßig

subrepándus
schwach aufwärts
gekrümmt

subrhomboídeus
fast rautenförmig

subrígidus
fast Haworthia rigida

subrotúndus
rundlich

subsecundifólius
fast einseitswendig
beblättert

subseríceus
etwas seidig

subsessilifólius
mit fast sitzenden Blättern

subséssilis
fast sitzend

subsignátus
fast Anthurium signatum

subsímilis
recht ähnlich

subsímplex
fast einfach (Blütenstand)

subspháéricus
etwas kugelförmig

subspicátus
fast Satureja spicata

subspinósus
fast Teucrium spinosum

subterráneus
unterirdisch

subtetrándrus
fast Cerastium tetrandrum

súbtilis
zart

subtomentósus
schwach filzig

subtrifoliátus
fast dreiblättrig

subtriplinérvius
schwach dreinervig

subulatoídes
Pfriemen-ähnlich

subulátus
pfriemlich

**subúlifer, subulífera,
subulíferum**
Pfriemen tragend

subulifólius
pfriemenblättrig

subúmbrans
etwas Schatten gebend

subuncinátus
fast hakenförmig, etwas
hakig

subvillósus
fast Begonia villosa

succedáneus
Nachfolger-, Ersatz-

succíneus
saftig

**succíruber, succírubra,
succírubrum**
mit rotem Saft

succísa
lateinischer
Pflanzenname:
abgebissene Pflanze

succotrínus
Sokotra-

succuléntus
fleischig, saftig

sucrénsis
Sucre- (Bolivien)

sudéticus
Sudeten-

suécicus
schwedisch

suenteliénsis
Süntel- (Norddeutschland)

suffrutéscens
halbstrauchartig

suffruticósus
halbstrauchig

sulcátus
gefurcht

sulfúreus
schwefelgelb

sulphúreus
schwefelgelb

sulphurgále
Bastard aus Lilium
sulphureum und L. regale

sultáni
nach Sultan Bargasj

súma
Pflanzenname in Indien
(Acacia)

sumatránus
Sumatra-

sumatrénsis
Sumatra-

sumbawénsis
Sumbawa- (Südostasien)

súmbul
orientalischer
Pflanzenname (Ferula)

summitátus
Gipfel-

supérbiens
stolz

supérbus
stolz

supertéxtus
überzogen, bedeckt

165

supínus
ausgebreitet,
niederliegend

supracánus
oberseits grau

supraláévis
oberseits glatt

súr
arabischer Name der
Ficus-Art

surculósus
mit kleinen Schösslingen

surinaménsis
Surinam-

susiánus
von Susiana (Iran,
Provinz um Susa)

suspénsus
hängend

sutchuenénsis
Sutchou- (China)

swaténsis
Swat- (Pakistan)

swázicus
Swaziland-

swegifléxus
Bastard aus Syringa
sweginzowii und
S. reflexa

swieténia
nach der Gattung
Swietenia

sycioídes
Sycios-ähnlich

sycómorus
Sykomore, Maulbeerfeige

sylváticus
Wald-

**sylvéster, sylvéstris,
sylvéstre**
wild wachsend

sylvícola
Waldbewohner

sýlvius
vom Matterhorn (Mons
Sylvius, Schweiz, Italien)

symmétricus
symmetrisch

symphytifólius
mit Blättern wie
Symphytum

sýncollus
zusammengeklebt

syríacus
syrisch

syringánthus
fliederblütig

syringiflórus
fliederblütig

syringodórus
nach Flieder duftend

syzigáchne
mit Scheren-ähnlichen
Spelzen

szechuánicus
Setschuan- (China)

t

tabácum
nach dem indianischen
Namen des Tabaks

tabernaemontána
nach der Gattung
Tabernaemontana

tabernaemontáni
von Jakob Theodor
(Tabernaemontanus)

tabuláris
schildförmig, tafelförmig

tabulifórmis
tafelförmig

tacamahácca
nach dem aztekischen
Namen eines Baumes
(Populus)

táéda
Kienholz

**táédiger, taedígera,
taedígerum**
Kienholz tragend

tágalus
Tagalen- (Luzon,
Philippinen)

tagétes
nach der Gattung Tagetes

tagetiflórus
mit Blüten wie Tagetes

tahitiénsis
Tahiti-

taipingshaniánus
Taipingshan- (Taiwan)

taiténsis
Tahiti-

taiwanénsis
Taiwan-

taiwaniánus
Taiwan-

talaénsis
Tala- (Salta, Argentinien)

talamancánus
Talamanca- (Costa Rica)

talamancénsis
Talamanca- (Costa Rica)

talangénsis
vom Gunung Talang
(Sumatra)

taliénsis
vom Taligebirge
(Indochina)

taltalénsis
Taltal- (Chile)

támala
nach dem Namen der
Cinnamomum-Art in
Indien

tamarúgo
nach dem Namen der
Prosopis-Art in Chile

tamboénsis
Tambo- (Tarija, Bolivien)

tamnoídes
Tamnus-ähnlich

tamoídes
Tamus-ähnlich

tampénsis
Tampa- (Florida, USA)

tanacetifólius
mit Blättern wie
Tanacetum

tananarívae
Tananarive- (Madagaskar)

tanárius
nach einem neuzeitlichen
niederländischen
Pflanzennamen

tanástylus
mit langem Griffel

tangélo
Bastard aus Tangerine
(Citrus reticulata) und
Pomelo (C. × paradisi)

tangerína
Tangerine

tánghin
Pflanzenname in
Madagaskar (Cerbera)

tángshen
von Tang-chen (China)

tangúticus
tungusisch (Sibirien)

tapalcalaénsis
Pacala- (Peru)

tapecuánus
Tapecua- (Bolivien)

tapéínus
niedrig

tapetifórmis
mattenförmig

taquimbalénsis
Taquimbala- (Bolivien)

tarabucínus
Tarabuco- (Bolivien)

taraténsis
Tarata- (Cochabamba,
Bolivien)

taraxacifólius
löwenzahnblättrig

taráxacum
nach einem arabischen
Pflanzennamen

tardiflórus
spät blühend

tárdus
spät

tarentínus
von Tarent (Italien)

tarijénsis
Tarija- (Bolivien)

tartáreus
lederig

taruénsis
vom Taru Hill (Kwale
District, Kenya)

tarvitaénsis
Tarvita- (Provinz
Azurduy, Bolivien)

tasmánicus
tasmanisch

tatáricus
tatarisch

tatárius
tatarisch

tátrae
Tatra- (Tschechien)

tatrénsis
Tatra- (Tschechien)

tatsienénsis
Tatsienlu- (Setschuan,
China)

tátula
persischer Pflanzenname
(Datura)

táú-sághyz
Name der Scorzonera-Art
in Kasachstan

táúri
vom Taurus-Gebirge
(südliche Türkei)

taurícola
Bewohner des Taurus-
Gebirges (südliche
Türkei)

táúricus
Krim- (früher Tauris, am
Schwarzen Meer), bei
Aconitum: Tauern
(Österreich)

taurinénsis
aus Turin (Italien)

taurínus
1. Asperula: aus Turin
(Italien); 2. Dendrobium:
mit Stierkopf-ähnlichen
Blüten

taxifólius
eibenblättrig

taygéteus
Taygetos- (Griechenland)

tazétta
kleine Tasse

tazettopoéticus
Bastard aus Narcissus
tazetta und N. poeticus

tectórius
Dach-

tectórum
der Dächer

téctus
verhüllt, bedeckt

téf
nach dem abessinischen
Namen einer Eragrostis-
Art

tegmentósus
mit Knospenschuppen

telephíastrum
dem Sedum telephium
ähnlich

teléphium
nach einem antiken
Pflanzennamen

tellimoídes
Tellima-ähnlich

telmatéía
nach einem griechischen
Pflanzennamen: Sumpf-

telmatéíus
Sumpf-

teménius
aus heiligem Gebiet

temuléntus
betäubend

témulus
betäubend

tenacíssimus
sehr zäh

tenagéíus
in seichtem Wasser lebend

tenampénsis
aus Barranca de Tenampa
(Mexiko)

ténax
zäh

tenebrósus
dunkel

tenéllus
sehr zart

téner, ténera, ténerum
zart

teneríffae
Teneriffa-

tenérrimus
sehr zart

tenuicáúlis
dünnstielig

tenuicúlmis
mit zartem Halm

tenuiflórus
mit zarten Blüten

tenuifólius
dünnblättrig

tenuílobus
fein gelappt

tenúior, tenúius
zarter, dünner

ténuis
dünn, zart

tenuiséctus
fein zerteilt

tenuisérpens
schmaler Cleistocactus
serpens

tenuíssimus
sehr zart, sehr dünn

tepejilóte
Name der Chamaedorea-
Art in Mexiko

tephracánthus
grau bedornt

tephropéplus
mit grauem Gewand

tephrophýllus
mit grauen Blättern

tequilánus
Tequila- (Mexiko)

terebinthifólius
mit Blättern wie
Terebinthus

terebinthináceus
Terpentin-

terebínthus
lateinischer
Pflanzenname:
Terpentinbaum

téres
stielrund, walzenförmig

tereticórnis
mit walzlichen Hörnern

teretifólius
mit stielrunden Blättern

tergestínus
Triest- (Italien)

terglouénsis
Triglav- (Slowenien)

terminális
endständig

térmis
nach dem griechischen
Namen der Lupine

ternárius
dreiteilig (Blütenstand)

ternátea
nach der Gattung Ternatea
(Leguminosae): Ternate-
Insel- (Indonesien)

ternaténsis
von der Ternate-Insel
(Indonesien)

ternátus
dreizähnig

terniflórus
dreiblütig

ternifólius
dreiblättrig

terréstris
auf dem Erdboden
wachsend

terrícolor
erdfarben

tesopacénsis
Tesopaco- (Mexiko)

tesquícola
Steppenbewohner

teselátus
schachbrettartig

testáceus
ziegelrot

testiculáris
hodenartig, sackförmig

testiculátus
hodenartig, sackförmig

testúdo
Schildkröte

téta
Pflanzenname in Indien

tetracánthus
mit 4 Dornen

tetradáctylus
mit 4 Fingern

tetragonioídes
Tetragonia-ähnlich

tetragonólobus
mit viereckigen Hülsen

tetragónus
vierkantig

tetragýnus
mit 4 Griffeln

tétrahit
nach einem griechischen
Pflanzennamen

tetrálix
griechischer
Planzenname: vierfach
gewunden

tetrancístrus
mit 4 Haken

tetrándrus
mit 4 Staubblättern

tetránthus
vierblütig

tetraphýllus
vierblättrig

tetrápterus
vierflügelig

tetraquétrus
vierkantig

tetrasépalus
mit 4 Kelchblättern

tetraspérmus
viersamig

tetráspis
mit 4 Schlangen (Lippe)

téúcrii
Gamander-

teucrioídes
Teucrium-ähnlich

téúcrium
antiker Pflanzenname:
Gamander

texánus
Texas- (USA)

texénsis
Texas- (USA)

téxtilis
Faser-, Gewebe-

teýdeus
Teide- (Teneriffa)

thalictrifólius
mit Blättern wie
Thalictrum

thalictroídes
Thalictrum-ähnlich

thalioídes
Thalia-ähnlich

thápsi
Verbascum-thapsus-

169

thapsifórmis
der Verbascum thapsus
ähnlich

thápsus
antiker Pflanzenname

tháúma
Wunder

théa
Teestrauch

thebáicus
Theben- (Ägypten)

theézans
Tee liefernd

**théifer, theífera,
theíferum**
Tee liefernd

thelegónus
mit zitzenförmigen
Kanten

thelýpteris
griechischer
Pflanzenname

thelypteroídes
Thelypteris-ähnlich

thermális
an warmen Quellen

thianschánicus
Tien-schan-

thianshánicus
Tien-schan-

thibetánus
Tibet-

thibéticus
Tibet-

thionánthus
mit Schwefelblüten

thóra
mittelalterlicher
Pflanzenname
(Ranunculus)

thrácicus
thrazisch (Griechenland)

thripedéstus
von Insekten angenagt

thunbérgia
nach der Gattung
Thunbergia

**thúrifer, thurífera,
thuríferum**
Weihrauch liefernd

thuringíacus
thüringisch

thymifólius
thymianblättrig

thymoídes
Thymian-ähnlich

thyodócus
duftend

thyoídes
Thuja-ähnlich

thyrsiflórus
straußblütig

thyrsoídes
Strauß-ähnlich

thyrsoídeus
Strauß-ähnlich

thysanosépalus
mit gefransten
Kelchblättern

tianschánicus
Tien-schan-

tianshánicus
Tien-schan-

tiarelloídes
Tiarella-ähnlich

tibetánus
Tibet-

tibéticus
Tibet-

tibícinis
des Flötenspielers

tiburonénsis
von der Insel Tiburon
(Baja California, Mexiko)

ticinénsis
Tessin- (Schweiz)

tíglium
nach einer Bezeichnung
der Apotheker für die
Croton-Körner

tigrimáx
Bastard aus Lilium
tigrinum und L.
maximowiczii

tigrínus
Tiger-, bunt gefleckt

tilcarénsis
Tilcara- (Nordargentinien)

tiliáceus
lindenartig

tiliifólius
lindenblättrig

tilláea
nach der Gattung Tillaea

tillandsioídes
Tillandsia-ähnlich

timboúva
nach dem Namen der
Enterolobium-Art in
Brasilien

timéteus
schätzenswert

timoriénsis
Timor- (Sundainseln)

tinctórius
Färber-

tinctórum
der Färber

tingitánus
Tanger- (Marokko)

tínus
antiker Pflanzenname

típu
Name der Tipuana-Art in
Südamerika

tiraquénsis
Tiraque- (Cochabamba,
Bolivien)

tiroliénsis
aus Tirol

tírsa
Name einer Stipa-Art in
Südrussland

tirucálli
Pflanzenname in Indien
(Euphorbia)

titánum
Riesen-

titánus
riesig

tithymaloídes
Wolfsmilch-ähnlich

tmóleus
Tmolos- (Türkei)

tmolúsii
Tmolos- (Türkei)

tobáicus
Toba- (Sumatra)

tobíra
japanischer Name einer
Pittosporum-Art

tokudáma
japanischer Name einer
Hosta-Art

toliménsis
Toliman- (Mexiko)

toluífera
nach der Gattung
Toluifera

**tolúifer, toluífera,
toluíferum**
Tolubalsam liefernd

tombeanénsis
vom Monte Tombea
(Judikarische Alpen)

tomentéllus
feinfilzig

tomentósus
filzig

tominénsis
vom Rio Tomina
(Chuquisaca, Bolivien)

tomoriánus
vom Golf von Tomori
(Sulawesi, Indonesien)

tongolénsis
Tongolo- (Setschuan,
China)

tongwénsis
Tongwe- (Tansania)

tonkinénsis
Tongking- (Vietnam)

tónsus
haarlos, geschoren

toóna
Pflanzenname in Indien
(Cedrela)

tooséndan
nach dem Namen einer
Melia-Art in Japan

topiárius
von künstlichen Gärten
(wie künstlich
geschnitten)

topíro
Volksname der Solanum-
Art in Kolumbien

tóra
Pflanzenname in Südasien
(Cassia)

toralapánus
Toralapa- (Cochabamba,
Bolivien)

toráno
japanischer Volksname
einer Picea-Art

toríngo
nach dem japanischen
Namen für Apfel

toringoídes
dem Malus toringo
ähnlich

tormentílla
nach der Gattung
Tormentilla

tormentílla-formósa
Bastard aus Potentilla
tormentilla und P.
formosa

torminális
gegen Bauchschmerzen

toroweapénsis
vom Toroweap Point
(Grand Canon, USA)

torquátus
mit Halskette

torrecillasénsis
Torrecillas- (Santa Cruz,
Bolivien)

171

tórtilis
seilartig gewunden

tortuósus
gewunden

tórtus
gewunden

torulósus
mit kleinen Wulsten

tórvus
schrecklich, stark
stachelig

tosaénsis
Tosa- (Japan)

tosánus
Tosa- (Shikoku, Japan)

tótai
Pflanzenname in Bolivien
(Acrocomia)

totára
Pflanzenname in
Neuseeland (Podocarpus)

totoralénsis
Totoral- (Chile)

totorénsis
Totora- (Cochabamba,
Bolivien)

tovarénsis
Tovar- (Venezuela)

toxicárius
giftig

toxicodéndron
griechischer
Pflanzenname: Giftbaum

**tóxifer, toxífera,
toxíferum**
giftig

toxispérmus
mit giftigen Früchten

tóza
spanisch: ein Stück
Baumrinde

trachélium
lateinischer
Pflanzenname:
Halswehkraut

trachycaúlus
raustängelig

trachýodon
mit rauen Zähnen

trachysánthus
raublütig

trachyspérmus
mit rauen Samen

tragacántha
Bocksdorn

tragophýllus
Geißblatt-, der Lonicera
caprifolium ähnlich

transalpínus
jenseits der Alpen

transandínus
jenseits der Anden

transbaicálicus
Transbaikalia-
(Zentralasien)

transcaucásicus
aus Transkaukasien

tránsiens
Übergangs-

transitórius
Übergangs-

translúcens
durchscheinend

transmorrisonénsis
jenseits des Mt. Morrison
(Taiwan)

transpárens
durchscheinend

transsilvánicus
Siebenbürgen-
(Rumänien)

transsylvánicus
Siebenbürgen-
(Rumänien)

transtagánus
jenseits des Tejo
(Portugal)

transvaalénsis
Transvaal- (südliches
Afrika)

transvenósus
mit quer verlaufenden
Adern

transwalliánus
Pembroke- (Wales)

trapezifórmis
trapezförmig

trapichénsis
Trapiche- (Chile)

tremuloídes
Zitterpappel-ähnlich

trémulus
zitternd

triacánthos
mit 3 Dornen

triándrus
mit 3 Staubblättern

trianguláris
dreikantig

trianguliválvis
mit dreieckigen
Hochblättern

tribuloídes
Tribulus-ähnlich
(Zygophyllaceae)

tricaudátus
mit 3 Schwänzen

trichadénius
mit behaarten Drüsen

trichilioídes
Trichilia-ähnlich
(Meliaceae)

trichócalyx
mit behaartem Kelch

trichocárpus
mit behaarter Frucht

trichócladus
mit behaarten Zweigen

trichódes
haarartig

trichoídes
haarartig

trichólepis
mit behaarten Schuppen

trichomanefólius
mit Blättern wie
Trichomanes

trichómanes
nach der Gattung
Trichomanes

trichomanoídes
Trichomanes-ähnlich

trichóphorus
Haare tragend

trichophýllus
1. Asparagus, Festuca,
Kochia, Leucojum,
Ranunculus: mit
haarfeinen Blättern;
2. Gaultheria: mit
behaarten Blättern

trichópodus
mit behaartem Stiel

trichosánthus
mit behaarten Blüten

trichospérmus
mit behaarten Früchten

trichóstomus
mit behaartem Schlund

trichótomus
dreiteilig verzweigt

tricóccos
dreibeerig

trícolor
dreifarbig

tricolórus
dreifarbig

tricórnis
dreihörnig

tricornútus
dreihörnig

tricostátus
mit 3 Rippen

tricuspidátus
dreispitzig

tricúspis
dreispitzig

tridactylítes
dreifingerig

tridentátus
dreizähnig

**tridéntifer, tridentífera,
tridentíferum**
einen Dreizack tragend

tridentínus
Trient- (Norditalien)

trifasciátus
dreibänderig, mit 3
Streifen

trifasciculátus
mit Blüten in 3 Bündeln

trífidus
dreispaltig

triflórus
dreiblütig

trifoliátus
dreiblättrig

trifólii
Klee-

trifoliolátus
mit 3 Fiederblättchen

trifólius
dreiblättrig

trifurcátus
dreigabelig

triglochidiátus
mit 3 Widerhaken

triglúmis
dreiblütig

trigónus
dreikantig

trigýnus
mit 3 Griffeln

trilineátus
mit 3 Streifen

trilobátus
dreilappig

trílobus
dreilappig

triloculáris
dreifächerig

triméstris
dreimonatig

trinérvis
dreinervig

trinérvius
dreinervig

trinérvulus
mit 3 kleinen Nerven

173

triónum
lateinischer
Pflanzenname:
Feigenblatt-

triornithóphorus
3 Vögel tragend

tripartítus
dreiteilig

tripétalus
mit 3 Kronblättern

tryphostemmatoídes
Tryphostemma-ähnlich

triphýllos
dreiblättrig

triphýllus
dreiblättrig

triplicátus
dreifach

triplinérvis
dreinervig

triplinérvius
dreinervig

triplonáévius
mit 3 roten Flecken

tripólium
nach einem antiken
Pflanzennamen

trípteris
dreiflügelig

trípteros
dreiflügelig

trípterus
dreiflügelig

**tríqueter, tríquetra,
tríquetrum**
dreikantig

trispérmus
dreisamig

trispinósus
mit 3 Dornen

tristáchyus
dreiährig

trístis
traurig

trisúlcus
dreifurchig

triternátus
doppelt dreizählig

tritifólius
mit abgeriebenen Blättern

triúmphans
triumphierend

triunciális
mit 3 Zoll langen
Ährchen (3 Zoll = 3
inches = 7,6 cm)

triviális
gewöhnlich

trochopteránthus
mit flügelradartigen
Blüten

troglodytárum
der Schimpansen

trojánus
Troja- (Türkei)

trollioídes
Trollius-ähnlich

tronchúda
Name einer Kohl-Sippe in
Portugal

troódi
Troodosgebirge- (Zypern)

troódii
Troodosgebirge- (Zypern)

tropaeolifólius
mit Blättern wie
Tropaeolum

tropaeolipíctus
mit Blütenfarbe wie
Tropaeolum

trúlla
Kelle, Pfanne

**trúllifer, trullífera,
trullíferum**
Pfannen tragend

truncátulus
etwas gestutzt

truncátus
gestutzt

truníacus
Traun- (Österreich)

truxillénsis
Trujillo- (Peru)

tsangpoénsis
Tsangpo- (Himalaya)

tsarongénsis
Tsarong- (China)

tsingtauénsis
Tsingtau- (China)

tsomoénsis
Tsomo- (Transkei,
Südafrika)

tsugifólius
mit Blättern wie Tsuga

tsús-siménsis
Tsuschima- (Insel
zwischen Japan und
Korea)

tsusiophýllum
nach der Gattung
Tsusiophyllum

túan
chinesisch: Linde

tubátus
mit Röhre

tuberculátus
knollig, warzig

tuberculósus
mit vielen Knöllchen

tuberhýbridus
Knollenhybride-

tubérifer, tuberífera, tuberíferum
Knollen tragend

tuberisulcátus
großhöckerig gefurcht

tuberósus
knollig

túbifer, tubífera, tubíferum
Röhren tragend

tubiflórus
röhrenblütig

túbiglans
mit röhrenförmigen Drüsen

tubíspathus
mit röhriger Scheide

tubulósus
röhrig, hohl

tucúma
Name einer Astrocaryum-Art in Südamerika

tugelénsis
von der Tugela Gorge (Natal, Südafrika)

tuguriórum
der Scheunen, der Schuppen

túlae
nach Tula benannt (Eigenname)

tulbaghénsis
Tulbagh- (Südafrika)

túlda
Name der Bambusa-Art in Bengalen

tulénsis
Tula- (Mexiko)

tulipífera
lateinischer Pflanzenname: Tulpen tragend

tumídulus
etwas geschwollen

túmidus
geschwollen

tunariénsis
vom Berg Tunari (Cercado, Bolivien)

tunbrigénsis
Tunbridge- (England)

tunicátus
häutig, mit häutiger Hülle

tuolumnénsis
Tuolumne- (Kalifornien)

túpa
Pflanzenname in Chile (Lobelia)

tupizénsis
Tupiza- (Bolivien)

turánicus
Turan- (Mittelasien)

turbinátus
kreiselförmig

turbiniformis
kreiselförmig

túrbith
arabischer Pflanzenname

turcestánicus
Turkestan-

túrcicus
türkisch

turcománicus
turkmenisch (Zentralasien)

turfósus
Torf-

túrgidus
geschwollen

turiálvae
vom Vulkan Turrialba (Costa Rica)

turiónifer, turionífera, turioníferum
Winterknospen (Turionen) bildend

turkestánicus
Turkestan-

turnerifólius
mit Blättern wie Turnera

túrpethum
nach einem arabischen Pflanzennamen (Operculina)

turquinénsis
Turquino- (Kuba)

turrachénsis
von der Turracher Höhe (Österreich)

turriálvae
vom Vulkan Turrialba (Costa Rica)

túrriger, turrígera, turrígerum
Türme tragend

turrítus
turmförmig

tuschéticus
Tuschetien- (Zentralasien)

tussilagíneus
huflattichartig

tuxtlánus
von Santiago Tuxtla
(Mexiko)

typhínus
Typha-artig

typhoídes
Typha-ähnlich

typhoídeus
Typha-ähnlich

týpicus
normal, typisch

tyriánthinus
purpurfarben

tyrolénsis
Tiroler-

u

uberifórmis
euterförmig, strotzend

ubomboénsis
Ubombo- (nordöstliches
Südafrika)

ucraínicus
Ukraine-

ucránicus
Ukraine-

udénsis
vom Uda-Fluss (Sibirien)

udícola
Nässebewohner

ugandénsis
Uganda- (Ostafrika)

úgni
Pflanzenname in Chile
(Myrtaceae)

ukraínae
verballhornt aus krajinae

ukraínicus
Ukraine-

ulicifólius
mit Blättern wie Ulex

ulícinus
stechginsterartig

uliginoídes
der Utricularia uliginosa
ähnlich

uliginósus
Sumpf-, Moor-

ulmária
Ulmen-ähnliche Pflanze

ulmifólius
ulmenblättrig

ulmoídes
Ulmen-ähnlich

ulváceus
kraus

ulvifólius
mit Blättern wie
Meersalat (Grünalge
Ulva)

umbellátus
doldig

**umbéllifer, umbellífera,
umbellíferum**
Dolden tragend

umbellifórmis
doldenförmig

umbellulátus
mit kleinen Dolden

umbílicus-véneris
Nabel der Venus

**umbracúlifer,
umbraculífera,
umbraculíferum**
Schirm tragend

umbratícola
Schattenbewohner

umbrélla
Schirm

umbrósus
Schatten liebend

umdausénsis
Umdaus- (Kap)

umfoloziénsis
Umfolozi- (Südafrika)

umpquaénsis
Umpqua- (Oregon, USA)

unalaschcénsis
Unalaska- (Nordamerika)
unalaschkénsis
Unalaska- (Nordamerika)
uncinátus
hakenförmig
úncus
hakig
undátus
wellig
úndipes
mit welligem Stiel
undulatifólius
mit welligen Blättern
undulátus
wellig
undulifólius
mit welligen Blättern
únedo
antiker Name einer
Arbutus-Art
unguiculáris
fingernagelgroß
unguiculátus
genagelt, nagelförmig
únguis-cáti
Katzenklaue
unguispínus
mit nagelartigen,
klauenartigen Dornen
unícolor
einfarbig
unicolorátus
einfarbig
unidentátus
einzähnig
uniflórus
einblütig

uniflosculósus
mit einblütigen Köpfchen
unifoliátus
einblättrig
unifoliolátus
mit einem einzigen
* Blättchen
unifólius
einblättrig
uniglúmis
einspelzig
uníjugus
einpaarig
unilaterális
einseitig
unioloídes
Uniola-ähnlich
uníspicus
mit einer einzigen Ähre
univittátus
einstreifig
unshíu
nach dem Namen einer
Citrus-Art in Japan
uplándicus
Uppland- (Schweden)
upóro
nach dem Namen einer
Solanum-Art auf Tahiti
uralénsis
Ural-
uraloídes
dem Hypericum uralum
ähnlich
urálus
nach dem Namen der
Hypericum-Art bei den
Newar in Nepal

uranóscopos
zum Himmel schauend,
aufrecht
urbánus
städtisch
úrbicus
städtisch
úrbium
der Städte (kleine Städte
in England)
urceolátus
urnenförmig
úrens
brennend
urikosénsis
Urikos- (Namibia)
uriondoénsis
Uriondo- (Aviles,
Bolivien)
**úrniger, urnígera,
urnígerum**
Urnen tragend
urocárpus
mit schweifartiger Frucht
ursínus
Bären-
urticifólius
brennnesselblättrig
urucú
Pflanzenname in Brasilien
(Lonchocarpus)
uruguayánus
Uruguay-
uruguáyus
Uruguay-
urumiénsis
Urmia- (Iran)
usambarénsis
Usambara- (Ostafrika)

usitatíssimus
sehr nützlich

usitátus
nützlich

usneoídes
Bartflechten-ähnlich

ussuriénsis
Ussuri- (Ostasien)

utahénsis
Utah- (USA)

útan
malayisch: Wald

útilis
nützlich

utilíssimus
sehr nützlich

utricularioídes
Wasserschlauch-ähnlich

utriculátus
schlauchartig

utriculósus
mit vielen Schläuchen

útzka
vom Monte Maggiore
(Istrien)

úva-críspa
krause Traube

úva-úrsi
Bärentraube

úva-vúlpis
Traube des Fuchses
(übersetzt nach dem
kurdischen Namen der
Fritillaria-Art)

uvárius
lateinischer
Pflanzenname: Pflanze
mit Trauben

úvifer, uvífera, uvíferum
Trauben tragend

uyucénsis
Uyuca- (Honduras)

V

vaccária
alter Gattungsname:
Kuhkraut

vaccarifólius
mit Blättern wie Vaccaria

vacciniáceus
heidelbeerartig

vacciniifólius
heidelbeerblättrig

vacíllans
wackelig

vágans
wandernd, kriechend

vagáspinus
mit regellosen,
allseitswendigen Dornen

vagénsis
vom Wye Valley
(England)

vaginális
mit Scheiden

vaginátus
mit Scheiden

vágus
umherschweifend,
unbestimmt

valdénsis
aus dem Gebiet der
Waldenser (Norditalien)

valdepilósus
stark behaart

valdevillosocárpus
mit stark behaarten
Früchten

valdiviánus
Valdivia- (Chile)

valdiviénsis
Valdivia- (Chile)

valentínus
Valencia- (Spanien)

valesíacus
Wallis- (Schweiz)

válidus
kräftig

vallársae
von Vallarsa (westlich des
Gardasees, Norditalien)

vallegrandénsis
vom Valle Grande
(Bolivien)

vallenarénsis
Vallenar- (Freirina, Chile)

vallénsis
von Abra Valles (San Luis
Potosí, Mexiko)

vallesíacus
Wallis- (Schweiz)

vallesiánus
Wallis- (Schweiz)

vallésius
Wallis- (Schweiz)

vallícola
Talbewohner

vállis-maríae
Mariental- (Namibia)

vallisneriifólius
mit Blättern wie
Vallisneria

vandárum
Vanda- (Orchidaceae)

variábilis
veränderlich

várians
veränderlich

varícolor
verschiedenfarbig

varicósus
erweitert

variegátus
bunt

variícolor
verschiedenfarbig

variiflórus
von verschiedener
Blütenfarbe

variifólius
verschiedenblättrig

variispínus
mit verschiedenfarbigen
Dornen

varingiifólius
mit Blättern wie Ficus
pumila

varioláris
schorfartig

várius
verschiedenartig, bunt

vásica
Pflanzenname in Indien

vedrariénsis
Verrières- (bei Paris)

végetus
frisch, lebendig

velascánus
von der Sierra Velasco
(Argentinien)

velebíticus
Velebit- (Kroatien)

**vélifer, velífera,
velíferum**
Segel tragend

velláéus
dicht behaart

vélox
schnell

veluchénsis
vom Berg Veluchi
(Ätolien, Mittel-
Griechenland)

velutínus
samtartig

venéficus
Gift bildend

venenátus
giftig, gefährlich

**venénifer, venenífera,
veneníferum**
Gift bringend

venenósus
stark giftig

véneris
von Zypern (Insel der
Venus)

vénetus
venezianisch, von
Venedig

venezuelánus
Venezuela-

venósus
geadert

ventanícola
Bewohner der Sierra
Ventana (Buenos Aires,
Argentinien)

ventimígliae
Ventimiglia- (Riviera)

ventósus
windreich, sturmumbraust

ventricósus
bauchig

venulósus
fein geadert

venústulus
recht anmutig

venústus
anmutig

vérus
echt

véra-crúz
Veracruz (Mexiko)

veracruzénsis
Veracruz- (Mexiko)

veraguénsis
Veragua- (Panama)

veratrifólius
germerblättrig

verbanénsis
vom Lago Maggiore
(Schweiz, Italien)

verbascifólius
mit Blättern wie
Verbascum

verbenáca
antiker Pflanzenname

verecúndus
bescheiden

vérek
Pflanzenname in Senegal
(Acacia)

véris
Frühlings-

vermiculátus
wurmförmig

vernális
Frühlings-

vernicífluus
Firnis liefernd

vernicósus
wie Firnis glänzend

vérnix
Firnis

vernixioídes
der Mormodes vernixium
ähnlich

vérnus
Frühlings-

veronénsis
Verona- (Italien)

**verrúcifer, verrucífera,
verrucíferum**
Warzen tragend

verrucósus
warzig

verruculósus
mit kleinen Warzen

versícolor
verschiedenfarbig

versifólius
verschiedenblättrig

versipéllis
von veränderlicher Gestalt
(Blätter)

verticilláris
quirlblättrig, wirtelig

verticillátus
quirlblättrig, wirtelig

véscus
essbar

vesicárius
blasig; bei Colutea:
lateinischer
Pflanzenname:
Blasenpflanze

**vesicúlifer, vesiculífera,
vesiculíferum**
Blasen tragend

vesiculósus
mit zahlreichen Bläschen

véspa
Wespe

vespertílio
Fledermaus

vespertiliónis
Fledermaus-

vespertínus
Abend-

vestiárius
für Kleidung

vestínus
vom Val Vestino
(Judikarische Alpen,
Norditalien)

vestítus
bekleidet

vétulus
ältlich

véxans
täuschend

vexillárius
fahnenartig

vexillátus
mit Fahne

viárum
der Wege

viburnifólius
mit Blättern wie
Viburnum

viburnoídes
Viburnum-ähnlich

vicárius
des Priesters (Beruf des
Finders)

víciae
Wicken-

viciifólius
wickenblättrig

vícinus
benachbart, der
Nachbarschaft

victória
der Königin Victoria

victória-maríae
von Victoria-Maria

victória-regína
Königin Victoria

victóriae
der Königin Victoria

victóriae-regínae
der Königin Victoria

victoriális
lateinischer
Pflanzenname: Sieges-,
macht unbesiegbar

victoriánus
Vitoria- (Brasilien)

victoriénsis
von Ciudad Victoria
(Mexiko)

viescénsis
Viesca- (Coahuila,
Mexiko)

vígilis
Sentinel- (Südafrika)

vilcabámbae
Vilcabamba- (Peru)

vilcayénsis
Vilcaya- (Linares,
Bolivien)

vílla-velhénsis
von Villa Velha (Parana,
Brasilien)

villarénsis
Villar- (Potosi, Mexiko)

villicáúlis
mit behaartem Stängel

**víllifer, villífera,
villíferum**
Zotten tragend

villosonervátus
mit zottigen Nerven

villósulus
feinzottig

villósus
zottig

viminális
rutenförmig

vimíneus
rutenförmig

vincetóxicum
antiker Pflanzenname:
Gift überwindend

vinciflórus
mit Blüten wie Vinca

vindobonénsis
aus Wien

vineális
Weinbergs-

**vínifer, vinífera,
viníferum**
Wein liefernd

violaceolineátus
mit violetten Strichen

violáceus
violett

violaciflórus
mit violetten Blüten

violáscens
violett werdend

violiflórus
mit Veilchenblüten

viórna
spanischer Pflanzenname

viperínus
schlangenartig

viravíra
Volksname in Argentinien
(Senecio)

vírens
grünend

viréscens
grünlich, grün werdend

virgátus
rutenförmig

virgáúrea
lateinischer
Pflanzenname: Goldrute

virgetórum
der Weidengebüsche

virginális
jungfräulich

virgíneus
jungfräulich

virginiánus
Virginia- (USA)

virgínicus
Virginia- (USA)

virginiénsis
Virginia- (USA)

viridéscens
grün werdend

viridicaulínus
mit grünem Stängel

viridiflávus
grüngelb

viridiflórus
grünblütig

viridifólius
grünblättrig

viridiglaucéscens
grün bis blaugrün

181

viridipurpúreus
grünrot

víridis
grün

viridíssimus
tiefgrün

viridistriátus
grün gestreift

virídulus
grünlich

virósus
giftig

viscainénsis
von der Desierta de
Vizcaino (Baja California,
Mexiko)

viscárius
klebrig

viscidifólius
mit klebrigen Blättern

viscidihírtus
drüsig behaart

viscídulus
etwas klebrig

víscidus
klebrig

viscosíssimus
stark klebrig

viscósus
klebrig

visnága
1. Ammi: nach einem
lateinischen
Pflanzennamen;
2. Echinocactus: nach
dem Namen dieser Art in
Mexiko

vitáceus
rebenartig

vitálba
Weißweinrebe

vitaliána
nach der Gattung
Vitaliana

vitellínus
dottergelb

vitellínus-péndulus
dottergelb und hängend

viticélla
lateinischer
Pflanzenname: kleine
Rebe

viticulósus
mit Ranken
(Wurzelträgern)

vitiénsis
von den Fidschi-Inseln

vitifólius
mit Blättern wie Weinlaub

vítis-idáéa
Rebe vom Idagebirge in
Kreta

vittátus
gebändert

vivariénsis
Vivarais- (Frankreich)

vívax
ausdauernd

vivíparus
lebend gebärend

voburnénsis
von Woburn Abbey
(Großbritannien)

vochinénsis
Bohinj- (früher Wochein,
Slowenien)

vogesíacus
Vogesen-

volcanénsis
von der Laguna de Volcan
(Jujuy, Argentinien)

volcánicus
Vulkan-

volgénsis
Wolga-

volúbilis
windend

vólvox
Kugel

vomeráceus
Pflugschar-

vomitórius
Brechen erregend

vosagíacus
Vogesen-

vourinénsis
Vourinos- (Makedonien,
Griechenland)

vulcanícola
Vulkanbewohner

vulcánicus
auf Vulkanen wachsend

vulgáris
gewöhnlich

vulgátus
bekannt, verbreitet

vulnerária
lateinischer
Pflanzenname: Wunden
heilend

vulpária
Giftpflanze für Füchse

vulpinoídeus
der Carex vulpina ähnlich

vulpínus
fuchsartig

vúlpis-cáúda
Schwanz des Fuchses

vulvárius
1. Chenopodium:
lateinischer
Pflanzenname;
2. Ruschia: scheidenartig

W

waialealeánus
vom Berg Waialeale
(Kauai, Hawaii)

wampí
Pflanzenname auf den
Philippinen

wándoo
Name der Eucalyptus-Art
in Australien

warleyénsis
aus Great Warley
(England)

wásabi
nach dem japanischen
Namen einer Eutrema-Art

washingtonénsis
Washington-
(nordwestliche USA)

washingtoniánus
Washington-
(nordwestliche USA)

washoénsis
vom Washoe County
(Nevada, USA)

watsonioídes
Watsonia-ähnlich

wellingtónia
nach der Gattung
Wellingtonia

weltoniénsis
von Welton Park
(England)

wendelacínus
aus Saxifraga wendelboi
und S. lilacina
zusammengesetzt

wenshanénsis
Wenshan- (China)

whitlávia
nach der Gattung
Whitlavia

wigandioídes
Wigandia-ähnlich

wilhelmínae-regínae
der Königin Wilhelmina

willowmorénsis
Willowmore- (Südafrika)

winterána
nach der Gattung
Winterana (Canellaceae)

wisetonénsis
Wiseton- (England)

wisleyénsis
Wisley- (England)

woburnénsis
von Woburn Abbey
(Großbritannien)

woerlitzénsis
Woerlitz (Sachsen-
Anhalt)

wolgáricus
Wolga-

wolgénsis
Wolga-

woodsioídes
Woodsia-ähnlich

wushanénsis
Wushan- (China)

wutaiénsis
von Wu-tai-shan (China)

X

xalapénsis
Xalappa- (Mexiko)

xaltianguénsis
von Rio Xaltianguis
(Mexiko)

xanthéllus
gelblich

xanthiifólius
mit Blättern wie
Xanthium

xanthínus
goldgelb

xanthioídes
Xanthium-ähnlich

xanthócalyx
mit gelbem Kelch

xanthocárpus
gelbfrüchtig

xanthochlórus
gelbgrün

xanthochýmus
mit gelbem Saft

xanthócodon
gelbglockig

xantholáimos
mit gelber Kehle

xantholéúcus
gelbweiß

xanthonéúrus
gelbnervig

xanthopétalus
mit gelben Kronblättern

xanthophlóéus
mit gelber Rinde

xanthorrhízus
mit gelben Wurzeln

xanthóspilus
gelbfleckig

xanthostémmus
mit gelben Staubblättern

xanthovillósus
gelbwollig

xanthoxyloídes
Zanthoxylum-ähnlich

xeranthemoídes
Xeranthemum-ähnlich

xerográphicus
pastellfarben

xeróphilus
Trockenheit liebend

xiloénsis
Gilo- (Mexiko)

xinguénsis
Xingu- (Brasilien)

xiphacánthus
mit schwertförmigen
Dornen

xiphioídes
1. Juncus, Nepenthes,
Tillandsia: Schwert-
ähnlich; 2. Iris: der Iris
xiphium ähnlich

xíphium
antiker Pflanzenname:
schwertförmige Pflanze

xiphophýllus
mit schwertförmigen
Blättern

xylocárpus
mit holzigen Früchten

xylonacánthus
mit holzigen Dornen

xylophylloídes
Xylophylla-ähnlich
(Euphorbiaceae)

xylorrhízus
mit holzigen Wurzeln

xylosteifólius
mit Blättern wie Lonicera
xylosteum

xylosteoídes
der Lonicera xylosteum
ähnlich

xylósteum
griechischer
Pflanzenname: mit
knochenhartem Holz

yakushimanénsis
Yakushima- (Japan)

yakushimánus
Yakushima- (Japan)

yakushiménsis
Yakushima- (Japan)

yambuyaénsis
Yambuya- (Kongo)

yamparaézi
Yamparaez- (Oropeza,
Bolivien)

yanganucénsis
von Quebrada Yanganuco
(Peru)

yanthínus
violett

yaquénsis
vom Rio Yaqui (Mexiko)

yaragongénsis
Yaragong- (Setschuan,
China)

yargongénsis
Yaragong- (Setschuan,
China)

yashadáke
Pflanzenname in Japan
(Semiarundinaria)

yatáy
Pflanzenname in
Südamerika (Butia)

yattánus
vom Yatta-Plateau
(Kenia)

ybaténsis
von Yta-Ybate (Asuncion,
Paraguay)

yedoénsis
von Tokio (früher Edo,
Japan)

yeménsis
Jemen-

yervamóra
Maulbeer-Kraut

yezoénsis
Jesso- (Japan)

yucatanénsis
Yucatan- (Mexiko)

yuccifólius
mit Blättern wie Yucca

yuccoídes
Yucca-ähnlich

yuhsienénsis
von Yu-Hsien (China)

yúlan
chinesischer
Pflanzenname:
Lilienbaum (Magnolia)

yulongxueshanénsis
vom Berg Xulongxue
Shan (Yunnan, China)

yuminénsis
Yumin- (China)

yungasénsis
Yungas- (Bolivien)

yungningénsis
von Yung-Ning (China)

yunhoénsis
von Yün-ho (China)

yunnanénsis
Yunnan- (China)

yuyuanénsis
Yuyuan- (China)

zabucájo
nach dem Namen der
Lecythis-Art in Guyana

zacatéchichi
Name der Calea-Art in
Mexiko

zacatecasénsis
Zacatecas- (Mexiko)

zacíntha
alter Gattungsname

zalácca
nach dem Namen der
Salacca-Art auf den
Molukken

zaléúcus
ganz weiß

zálil
Pflanzenname im Iran
(Delphinium)

zalúcca
nach dem Namen der
Salacca-Art auf der
Malayischen Halbinsel

zambesíacus
Sambesi- (Afrika)

zambiénsis
Zambia- (Afrika)

zamiifólius
mit Blättern wie Zamia

zamoránus
Zamora- (Ecuador)

zamorénsis
Zamora- (Ecuador)

185

zantorrhíza
Gelbwurz

zanzibáricus
Sansibar- (Ostafrika)

zanzibariénsis
Sansibar- (Ostafrika)

zapallarénsis
Zapallar- (Argentinien)

zapóta
aztekischer Pflanzenname
(Manilkara)

zebdanénsis
Zebdani- (Antilibanon)

zebrínus
mit Zebra-ähnlichen
Streifen

zedoária
nach einem persischen
Pflanzennamen
(Curcuma)

zelebóri
Zelebor- (Serbien)

zephyranthoídes
Zephyranthes-ähnlich

zephyrantoídes
Zephyranthes-ähnlich

zeravschánicus
Seravshan- (Usbekistan)

zerúmbet
persischer Name einer
Zingiber-Art

zeylánicus
von Sri Lanka (Ceylon)

zhejiangénsis
Zhejiang- (China)

zhongdianénsis
Zhongdian- (China)

zibethínus
mit Bisamgeruch

zingiberínus
Ingwer-

zizanioídes
Zizania-ähnlich

Zizýphus
nach der Gattung
Ziziphus

zoeschénsis
aus Zöschen (bei Leipzig)

zombénsis
vom Mount Zomba
(Malawi)

zonális
gürtelartig, gestreift

zonárius
gürtelartig, gestreift

zonátus
gürtelartig, gestreift

zosterifólius
mit Blättern wie Zostera

zoutpansbergénsis
von Soutpansberg
(Südafrika)

zuluénsis
von Kwa Zulu (Südafrika)

zúmi
nach dem japanischen
Namen einer Malus-Art

zýgis
antiker Pflanzenname

zygómeris
jochteilig, paarig

Literatur

ASCHERSON, P.F.A. und K.O.R.P.P.
GRAEBNER: Synopsis der mitteleuro-
päischen Flora. 12 Bände, Leipzig
1896–1939.
BACKER, C.A.: Verklarend Woordenboek
der wetenschappelijke namen van de
in Nederland en Nederlandsch-Indie in
het wild groeiende en in tuinen en
parken gekweekte varens en planten.
Batavia 1936.
BÖRNER, F.: Taschenwörterbuch der bota-
nischen Pflanzennamen. 4. Auflage,
Berlin, Hamburg 1989.
CASTROVIEJO, S. et al.: Flora Iberica.
Band 1–6, Madrid 1986–1998.
FERNALD, M.L.: Gray's Manual of Bot-
any. 8. Auflage, New York 1950.
FOURNIER, P.: Les quatre flores de la
France, Corse comprise. 2. Auflage,
Paris 1977.
GENAUST, H.: Etymologisches Wörter-
buch der botanischen Pflanzennamen.
3. Auflage, Basel, Boston, Berlin 1996.
GEORGE, A.S. (ed.): Flora of Australia.
Band 1–51, Canberra ab 1986.
KRAINZ, H.: Die Kakteen, Stuttgart
1956–1975.
Langenscheidts Taschenwörterbuch,
Lateinisch-Deutsch. Berlin, München,
Wien, Zürich 1983.
Langenscheidts Taschenwörterbuch der
griechischen und deutschen Sprache.
1. Teil: Altgriechisch-Deutsch. 8. Auf-
lage, Berlin, München, Wien, Zürich
2000.
LEUNIS, J.und A.B. FRANK: Synopsis der
Pflanzenkunde. 3 Bände. 3. Auflage,
Hannover 1883–1886.
MAKINO, T.: New Illustrated Flora of Ja-
pan. Hokuryukan Co. Tokyo 1961.
RASCHIG, W.: Die botanischen Kakteen-
namen. Ingelheim/Rhein 1971.
ROSTRUP, F.G.E. und C.A. JÖRGENSEN:
Den Danske Flora. 20. Auflage, Ko-
penhagen 1973.
SELTZER, L.E.(ed.): The Columbia Lip-
pincott Gazetteer of the World. New
York 1962.
STEARN, W.T.: Botanical Latin. London,
New York, 1966, 1980.
ZANDER, R., F.J. ENCKE und A.F.G.
BUCHHEIM: Handwörterbuch der Pflan-
zennamen. 9. Auflage, Stuttgart 1964.

Internetadressen
(Stand: Oktober 2004)

http://www.mushroomthejournal.com/
    arcade/DicPages/MycoEtyalbicaText.
    html
http://www.winternet.com/~chuckg/
    dictionary.html
http://www.flytrap.demon.co.uk/
    cpdict.htm
http://www.mushroomthejournal.com/
    arcade/DicPages/MycoEtyFrame.html
http://www.republika.pl/kwiki/
    nazwy.html
http://davesgarden.com/botanary//
http://www.geocities.com/poaceae99/
    DictionaryA-D2.html
http://www.plantapalm.com/wianame.htm

Bibliografische Information der
Deutschen Bibliothek

Die Deutsche Bibliothek verzeichnet
diese Publikation in der Deutschen
Nationalbibliografie; detaillierte biblio-
grafische Daten sind im Internet über
http://dnb.ddb.de abrufbar.

ISBN 3-8001-4795-5

© 2002, 2005 Eugen Ulmer KG
Wollgrasweg 41
70599 Stuttgart (Hohenheim)
www.ulmer.de
Lektorat: Hermine Tasche
Herstellung: Caroline Bechtold,
Thomas Eisele
Druck und Bindung: Appl, Wemding
Printed in Germany

Praktische Taschenatlanten.

255 Sommerblumen, Kübel- und Schnittpflanzen werden beschrieben. Farbfotos, die wichtigsten Pflanzenmerkmale und Informationen zu Blütezeit, Lichtbedürfnissen, Verwendung, Giftigkeit und Überwinterung machen das Buch unentbehrlich.

Taschenatlas Beet- und Balkonpflanzen.
Martin Haberer. 2002.
126 S., 226 Farbfotos, kart.
ISBN 3-8001-3264-8.

320 Bäume, Sträucher und Zwergsträucher für Garten und Landschaft werden vorgestellt. Dabei stehen die botanischen Erkennungsmerkmale und Angaben zur Pflanzenverwendung im Mittelpunkt. Ein Bild und Angaben zur Pflanzenvermehrung ergänzen die Beschreibung.

Taschenatlas Gehölze.
Martin Haberer. 2001.
191 S., 325 Farbfotos, kart.
ISBN 3-8001-5310-6.

313 Stauden werden in diesem Buch durch eine kurze, aber einprägsame Beschreibung vorgestellt. Ergänzt werden die Texte durch je ein charakteristisches Porträtfoto. Das Buch ist ein nützliches Nachschlagewerk für jeden Gartenliebhaber.

Taschenatlas Stauden.
Martin Haberer. 2. Aufl. 2002.
188 Seiten, 316 Farbfotos,
13 Zeichnungen, kart.
ISBN 3-8001-3987-1.

Ulmer **Ganz nah dran.**

Informative Bildatlanten.

Dieses Buch umfasst die ganze Palette der Topf- und Zimmerpflanzen. Wer schnell eine Information sucht, ist mit diesem übersichtlichen, steckbriefartigen Nachschlagewerk gut beraten.

Bildatlas Topfpflanzen für Zimmer und Balkon.
Moritz Bürki, Marianne Fuchs. 4., neu bearb. u. erw. Auflage. 2004. 361 Seiten, 696 Farbfotos, 23 Zeichnungen, gebunden. ISBN 3-8001-4654-1.

Dieses Buch ist ein unentbehrlicher Helfer und Ratgeber für alle, die sich eingehender mit Sommerblumen befassen wollen. Das optimale Buch für alle Gärtner und Floristen in Ausbildung und Praxis.

Bildatlas Sommerblumen.
Moritz Bürki. 3. Auflage. 2003. 283 Seiten, 606 Farbfotos, 55 Zeichnungen, 20 Tabellen, gebunden. ISBN 3-8001-4285-6.

Dieser Bildatlas stellt das aktuelle Sortiment an Schnittblumen, Fruchtzweigen, Schnittgrünarten und Trockenmaterialien in einer kurz gehaltenen Beschreibung und mit einem arttypischen Farbbild vor. Ein Maximum an Fachwissen.

Bildatlas Schnittblumen.
Moritz Bürki , Peter Fleischli. 5. Auflage. 2004. 319 Seiten, 714 Farbfotos, kartoniert. ISBN 3-8001-4634-7.

Ganz nah dran. _Ulmer

Hier erfahren Sie mehr!